Arthur von Weinberg

Kinetische Stereochemie der Kohlenstoffverbindungen

bremen
university
press

Arthur von Weinberg

Kinetische Stereochemie der Kohlenstoffverbindungen

ISBN/EAN: 9783955620936

Auflage: 1

Erscheinungsjahr: 2013

Erscheinungsort: Bremen, Deutschland

@ Bremen-university-press in Access Verlag GmbH, Fahrenheitstr. 1, 28359 Bremen. Alle Rechte beim Verlag und bei den jeweiligen Lizenzgebern.

bremen
university
press

KINETISCHE STEREOCHEMIE

DER

KOHLENSTOFFVERBINDUNGEN

Von

DR. ARTHUR von WEINBERG

GEHEIMER REGIERUNGSRAT

— — —

MIT 25 ABBILDUNGEN IM TEXT

BRAUNSCHWEIG

DRUCK UND VERLAG VON FRIEDR. VIEWEG & SOHN

1914

VORWORT.

———

Es ist ungewöhnlich, daß ein Chemiker, dessen Lebensaufgabe in der Bearbeitung technischer Probleme besteht, eine rein theoretische Arbeit veröffentlicht. Ich habe mich dazu erst entschlossen, als ich von mehreren Seiten, besonders durch meinen Freund Paul Ehrlich, gebeten wurde, meine theoretischen Ansichten, die ich gelegentlich in Gesprächen angedeutet hatte, im Zusammenhang den Fachgenossen vorzulegen. Man wird in diesen Ansichten die Schule Baeyers und van 't Hoffs erkennen, die, wenn sie auch manchem nicht modern genug erscheinen mag, doch meines Erachtens die Seele des Fortschritts chemischer Erkenntnis in sich birgt. Die Unvollkommenheiten eines jeden ersten Versuchs einer neuen wissenschaftlichen Theorie werden — so hoffe ich — einer gerechten Würdigung des Grundgedankens nicht hinderlich sein.

Frankfurt a. M., 1. Januar 1914.

A. v. Weinberg.

Inhaltsverzeichnis.

Obgleich die organische Chemie über ein außerordentlich großes Beobachtungsmaterial verfügt, besitzen wir keine Strukturtheorie der Moleküle organischer Verbindungen, die in völlig befriedigender Weise alle Erscheinungen zum Ausdruck bringt. Die starren Konstitutionsformeln mit den Valenzstrichen in der Ebene sind nur eine grobe Annäherung und in vielen Fällen unzureichend. Auch der große Fortschritt, den die genialen Ideen von Le Bel und van 't Hoff, die Stereochemie und Tetraedertheorie brachten, löste nicht alle Schwierigkeiten. Der innere Grund der Unzulänglichkeit der Theorie und Formeln ist folgender: War man auch von der Ebene zum Raum fortgeschritten, so fehlte doch der Raumformel die Bewegung. Die Thermodynamik hatte bewiesen, daß bei allen Temperaturen oberhalb des absoluten Nullpunktes die Atome Bewegung von großem Energiegehalt ausführen. Aber diese Tatsache mit der chemischen Lehre zu verknüpfen, schien den einen verfrüht, den anderen unmöglich. War es schon schwer, sich mit den Tetraedermodellen van 't Hoffs oder den Kugelmodellen A. Werners komplizierte Verbindungen aufzubauen, um wieviel schwieriger war es, sich nun auch noch Bewegungen aller Atome hinzudenken. Allerdings, wenn zuweilen kein anderer Ausweg mehr offen schien, dann griffen auch die vorsichtigsten Strukturchemiker zu Oszillationen, aber doch meist nur für den unauflösbaren Teil des Moleküls. Ich erinnere hier an die Oszillationstheorien von Kékulé, Wislicenus, Baeyer, Knoevenagel, Erlenmeyer jun., Laar u. a.

Im allgemeinen aber zog man vor, bei der starren Valenzlehre zu bleiben. Um sich anpassungsfähiger zu machen, sind scharfsinnig erdachte Hypothesen zu Hilfe genommen worden, wie die Theorien der Partialvalenzen Thieles, der zersplitterten Valenzen Kauffmanns, der unbestimmt auf Sphären verteilten Affinitäten Werners oder der verschiedenartigen Valenzelektronen Starks. Aber es wird nicht möglich sein, der Wahrheit näher zu kommen, solange man die wichtige und unbestreitbare Tatsache der Atombewegung ausschaltet. Nur eine kinetische Stereochemie kann zum Ziele führen, und erst wenn die intramolekulare Bewegung in ihren Grundzügen feststeht, wird man auch mit Erfolg das treibende Agens der Erscheinungen — die Elektronen — in die Theorie einführen können. Von dieser Lösung des Gesamtproblems sind wir noch weit entfernt. In der vorliegenden Schrift habe ich versucht zu zeigen, daß man dem ersten Teil der Aufgabe, der Erklärung chemischer Vorgänge durch Atombewegungen näher kommen kann. Ich habe bei der Darlegung meiner Ansichten den Grundsatz verfolgt, mich auf das Prinzipielle zu beschränken und nur die wichtigsten Formen und Kapitel der organischen Chemie zu berühren. Es kam mir allein darauf an, zu zeigen, daß es durch Annahme rotierender und vibrierender Atombewegungen gelingt, die chemischen Eigenschaften und Reaktionen, die Verbrennungswärmen und Molekularrefraktionen der organischen Körper in einem System zu vereinigen, und eine Reihe von Problemen, wie die Theorie des Benzols, der Desmotropie, des asymmetrischen Kohlenstoffatoms, der optischen Aktivität und der Farben von einem einheitlichen Gesichtspunkt aus zu begreifen.

Zum Verständnis des Ganzen wie seiner Teile ist es unbedingt erforderlich, die Abschnitte in der vorliegenden Reihenfolge zu lesen, da jeder einzelne die genaue Kenntnis des vorhergehenden voraussetzt.

I. Die Atombewegungen.

Die Grundlage der Chemie ist der Atombegriff. Das Atom ist als solches unveränderlich. Wenn man am äußersten Ende der Reihe der Elemente zerstörbare Atome aufgefunden hat, so sind diese Erscheinungen des radioaktiven Zerfalles keine Veränderungen im Atom, sondern irreversible Vorgänge, die zu neuen andersartigen Atomen führen. So lange ein bestimmtes Atom besteht — und wir dürfen nach der Erfahrung die Lebensdauer der Atome, aus denen sich die organischen Körper aufbauen, als von unendlicher Dauer annehmen —, ist es unabhängig von Temperatur, Druck, Elektronen und Ätherbewegungen, kurz von allen äußeren Kräften. Theorien, die ein in irgend einer Hinsicht variables Atom voraussetzen, halte ich für unzulässig. Die chemische Affinität eines Atoms, die Zahl seiner Valenzen, ihre Richtung zueinander im Raum, ist invariabel. Wechselnd ist nur die Bewegung der Atome als Ganzes.

Was die Atome sind und wie die Kräfte beschaffen, die sie äußern, wissen wir nicht, nur die Tatsache steht fest, daß die Atome sich unter den Bedingungen unserer Beobachtung in allen Aggregatzuständen der Moleküle dauernd bewegen. Die Thermodynamik gibt dafür zwingende Beweise. So ist die Molekularwärme (Produkt aus Molekulargewicht und spezifischer Wärme) fester Körper gleich der Summe der Atomwärmen der im Molekül vorhandenen Atome. Auch das Verhältnis der Energie der intramolekularen Atombewegung zur Energie der Molekülbewegung läßt sich aus dem Verhältnis der spezifischen Wärmen bei konstantem Druck und bei konstantem Volumen bei Gasen berechnen.

Zur Bestimmung des Energiegehaltes der Atombewegungen in organischen Körpern und der relativen Größe des bei diesen Bewegungen von den Atomen beanspruchten Volumens stehen uns geeignete Methoden zur Verfügung, die Messung der Verbrennungswärme und die Berechnung der Atomrefraktionen.

Da es sich um Bewegungen innerhalb der Moleküle handelt, sind nur Rotationen um eine Achse und lineare Vibrationen von sehr kleiner Amplitude in Betracht zu ziehen, die sich auch beide zu einer Atombewegung vereinigen können. Ich nehme an, daß einfach gebundene Atome um eine Achse rotieren oder schwingen und daß bei mehrfachen Bindungen (C=O, C=C, C≡C, N=N usw.) eine vibrierende Bewegung hinzutritt. Sind derart bewegte Atome zu Molekülen zusammengetreten, so führt selbstverständlich nicht mehr jedes Atom seine Eigenbewegung in vollem Umfange aus, sondern es tritt eine Kombination, eine Superposition ein. In den einfach gebauten Molekülen beeinflussen die Superpositionen die Summe der Atomenergien und der Atomvolumina nicht. Letztere sind additive Größen. Wird aber das Molekül komplizierter und vereinigt es mehrere Vibrationen, so wird je nach der Anordnung der Fall eintreten, daß die Bewegungen sich hindern oder fördern, der Energiegehalt und Volumen werden sich dementsprechend ändern. Wir wollen zunächst die Energieverhältnisse in einfach gebauten aliphatischen Körpern untersuchen.

II. Die Energieverhältnisse.

Zur Messung des Energiegehaltes der Atome innerhalb der Moleküle organischer Körper bedienen wir uns der Verbrennungswärme. Da die Atom- und Molekularbewegungen mit steigender Temperatur zunehmen, so muß zur einheitlichen Bestimmung eine bestimmte Temperatur für den Beginn und das Ende der Verbrennung gewählt werden. Man ist bekanntlich übereingekommen, 18^0 C als Normaltemperatur festzusetzen. Die Bestimmungen werden heute meist in der Sauerstoffbombe von Berthelot, also bei konstantem Volumen ausgeführt.

Der Apparat ist seit der durch E. Fischer und Wrede eingeführten Verbesserungen sehr zuverlässig, doch sind auch die älteren Werte meist für unsere Zwecke genügend genau, wenn auch die Fehlergrenze etwa 0,5 Proz. beträgt und der Vergleich der Beobachtungen verschiedener Forscher mitunter noch größere Differenzen ergibt. Die benutzten empirischen Werte sind, soweit nichts anderes bemerkt ist, den Tabellen von Landolt-Börnstein 1912 entnommen. Wo mehrere Bestimmungen vorliegen, sind entweder diejenigen gewählt, die als die zuverlässigsten gelten, oder es ist ein Mittelwert berechnet. Die Verbrennungswärmen verstehen sich für das Grammatom oder Grammmolekül und sind in großen Kalorien (Kal.) ausgedrückt. Sie beziehen sich auf konstantes Volumen und 18⁰.

Man hat schon mehrfach versucht, die aus den Verbrennungswärmen gewonnenen Erkenntnisse in wissenschaftlichen Zusammenhang zu bringen. Daß dies bisher nicht gelingen wollte, ist im wesentlichen zwei Fehlern zuzuschreiben. Man brachte nämlich in die Berechnungen den Begriff der chemischen Affinität, der Verbindungskräfte, herein, und verwandelte die unmittelbar beobachtete Größe der Verbrennungswärme in den abgeleiteten Begriff der „Bildungswärme". Als bekanntes Schulbeispiel mag die Verbrennung des Äthans dienen. Bei der Verbrennung von C_2H_6 zu Kohlensäure und Wasser wurden (für das Grammolekül) 370,9 Kal. gefunden. Nun ergab aber die Summe der Kalorien, die bei Verbrennung von 2 C (Diamant) und von 6 H (freier Wasserstoff) entstehen, 391,5 Kal. Die fehlenden 20,6 Kal. bezeichnete man als Äquivalent der Kraft, die erforderlich ist, um die 6 H vom C loszureißen, und schloß nun umgekehrt, daß auch die chemische Kraft, welche jene Atome verbunden hatte, ebenfalls diesem Äquivalent entspreche, das man dann als Bildungswärme bezeichnete.

Diese Vorstellung ist irrig. Was wir bei der Verbrennung — unter den angegebenen Normalbedingungen — als Wärmedifferenz messen, ist lediglich der Unterschied der Energiebeträge der Atombewegungen vor und nach der Reaktion. Die chemische Affinität oder Anziehungskraft tritt nicht unmittelbar als Faktor in die Wärmeberechnung ein. Die oben erwähnte Differenz zwischen der gefundenen und der additiv berechneten Verbrennungswärme des Äthans beruht darauf, daß die an Kohlenstoff gebundenen Wasserstoffatome weniger bewegt, weniger energiehaltig sind als die Atome im Molekül des freien Wasserstoffs bei gleicher Temperatur. Die Verschiedenheit des chemischen Verhaltens des Wasserstoffs in beiden Formen ist die Folge des verschiedenen Energiegehaltes. Führen wir den Kohlenwasserstoffen genügende Mengen Wärme zu, so wird schließlich die Bewegung der Wasserstoffatome so groß, daß der Energiegehalt des H-Atoms im Wasserstoffmolekül erreicht wird und wir sehen dann H–H entweichen.

Auch die Energievermehrung, die der Kohlenstoff in Doppelbindung oder in Ringen zeigt, ist nicht aus den Affinitätskräften oder Spannungen entstanden, sondern muß von außen hinzugebracht werden. Die dem Begriff der Bildungswärme als Äquivalent der Affinität zugrunde liegende Voraussetzung, daß die Atome eines Elementes in allen Verbindungen stets die gleiche Energie der Bewegung besitzen, ist unhaltbar.

Der zweite, allerdings niemals konsequent durchgeführte, aber doch von so bedeutenden Forschern wie Berthelot und Thomsen verteidigte Irrtum ist folgender: Von der Tatsache ausgehend, daß bei der Verflüssigung von Gasen und dem Erstarren von Flüssigkeiten Wärme frei wird, nahm man an, daß auch bei der Bestimmung der Verbrennungswärme nicht nur die Versuchstemperatur, sondern auch der Aggregatzustand der untersuchten Verbindung und der Endprodukte des Verbrennungsprozesses (H_2O) in Betracht komme. Diese Theorie — die wohl hauptsächlich aufgestellt wurde, um die dem „Principe du travail maximum" widersprechenden endothermen Reaktionen zu erklären — ist naheliegend, aber nicht richtig. Die Energie der Atombewegungen ist ausschließlich abhängig von der Bindung im Molekül und von der Temperatur; die der Molekularbewegungen von der Temperatur. Die Kurve, die man erhält, wenn man ausgehend von einem beliebigen Moment a des festen Zustandes, den Energiezuwachs eines Körpers als Abszisse, die Temperatur als Ordinate aufträgt, ist nicht konstant verlaufend, hat vielmehr annähernd die Gestalt der Fig. 1.

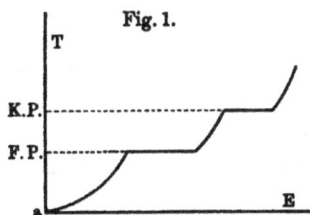

Fig. 1.

In allen Punkten, mit Ausnahme der Horizontalstrecken, ist der Energiegehalt E durch die Temperatur T eindeutig bestimmt. Während der Dauer des Schmelz- oder Verdampfungsprozesses nimmt bei gleichbleibender Temperatur des Schmelzpunktes (FP) und Siedepunktes (KP) der Energiegehalt zu. Liegt der Ausgangs- oder Endpunkt des

Verbrennungsversuches zufällig bei diesen Temperaturen, so bedarf man allerdings, um den Energiegehalt angeben zu können, der Feststellung, welches Quantum des Körpers etwa bereits verflüssigt oder vergast war. Bei allen anderen Temperaturen ist dies nicht erforderlich. Es ist also nicht richtig, daß für die Menge flüssigen Wassers, das sich in der Verbrennungsbombe bildet, eine entsprechende Korrektur durch Berechnung der Kondensationswärme erforderlich sei. Es ist vielmehr ganz gleichgültig, ob vorübergehend während der Explosion Wasser als Dampf vorhanden war, wenn nur Anfangs- und Endtemperatur 18° sind. Es ist ferner danach keineswegs erforderlich, die Verbrennungswärme auf gasförmige Körper umzurechnen, um sie vergleichen zu können, vielmehr darf man die Verbrennungswärmen gasförmiger, flüssiger und fester Körper von 18° ohne weiteres miteinander vergleichen. Wäre es anders, so müßte man vor allen Dingen die Verdampfungswärme des festen Kohlenstoffs in die Rechnung einführen, eine unbekannte, aber sicher sehr große Zahl. Tatsächlich steht aber fest, daß ein Grammatom Diamant bei der Verbrennung das gleiche Wärmequantum liefert, wie ein Grammatom Kohlenstoff im gasförmigen Methan.

Die Wärme, die wir bei Verbrennungen organischer Körper auftreten sehen, rührt im wesentlichen vom Energiegehalt des Sauerstoffmoleküls her, in dem die Atome einen außerordentlich hohen Grad innerer Bewegung besitzen, die viel größer ist als in der Verbindung mit C oder mit H. Der Sauerstoff ist die Energiequelle der organischen Reaktionen, das belebende Element der Natur.

Betrachten wir zunächst die Verbrennungswärme des Kohlenstoffs. Die empirischen Werte beziehen sich teils auf Diamant und Graphit, teils auf amorphe Kohle. Als reiner Kohlenstoff (Gottlieb, Journ. prakt. Chem. 28) sind nur die kristallisierten Modifikationen Diamant und Graphit zu betrachten, zwischen denen denn auch nach der Untersuchung von Roth und Wallasch (Ber. 46, 896) kein Unterschied besteht. Die Bestimmungen dieser Forscher ergeben folgende Werte:

Für 1 g	Für das Grammatom
7,871 Kal.	94,45 Kal.
7,864 „	94,37 „
7,877 „	94,52 „
7,862 „	94,35 „

Die Beobachter bemerken dazu, daß sie die höheren Werte für zuverlässiger halten, wonach also die von Berthelot gefundene Zahl

94,3 ein wenig zu niedrig wäre und als Verbrennungswärme des Kohlenstoffs 94,5 Kal. angenommen werden kann. Die Bedeutung dieser Zahl wird später noch näher zu erörtern sein (S. 10). Bei der Oxydation von H–H zu H_2O beträgt die Verbrennungswärme, berechnet auf konst. Vol. (Nernst, Theoret. Chem. 1913, S. 620), 67,5 Kal.

Die Atome im Wasserstoffmolekül besitzen eine Bewegung, deren Energiegehalt für ein Atom bei 18° eine bestimmte Größe ist. Da sich jedoch der Wasserstoff im Wasser anders verhält und weit weniger aktiv erscheint als im freien Wasserstoff, so schließe ich daraus, daß seine Bewegungsenergie in dieser Form geringer ist, und daß mithin nicht nur das Sauerstoffatom die Wärmemenge von 67,5 Kal. geliefert hat, sondern auch der Wasserstoff mit dazu beigetragen hat. Über die Größe dieses Energiebeitrages kann man sich ein Bild machen, wenn man H in seiner Bindung mit C oder N beobachtet. Verbrennt man organische Körper, die H an C gebunden enthalten, so findet man für ein H-Atom stets die Verbrennungswärme von 30,4 Kal., mithin für zwei H 60,8 Kal., also eine um 6,7 Kal. geringere Zahl als die Verbrennungswärme von H–H. Die gleiche Zahl findet man bei der Verbrennung des an Stickstoff gebundenen Wasserstoffs (S. 34).

Die Energie eines H-Atoms im H–H ist mithin um 3,35 Kal. größer als in seinen einfachen neutralen Verbindungen. Hieraus kann man schließen, daß bei der Wasserbildung stets 60,8 Kal. vom Sauerstoff geliefert werden, oder mit anderen Worten, daß der Energiegehalt des Sauerstoffs in H_2O um 60,8 Kal. geringer ist als im O=O-Molekül.

Berechnet man mit diesen Einheiten (94,5 und 30,4) additiv die Verbrennungswärme einfacher Kohlenwasserstoffe, so ergibt sich:

	Ber.	Gef.
Methan	216,0 Kal.	212,4 Kal.
Äthan	371,3 „	370,9 „
Propan	526,5 „	526,7 „
i-Butan	681,7 „	684,8 „
n-Hexan	992,3 „	990,4 „

Auf dieser Grundlage läßt sich ein der chemischen Erfahrung entsprechender Aufbau der Energieverhältnisse in Alkoholen, Äthern, Aldehyden, Ketonen, Carbonsäuren und Estern ableiten.

In den Alkoholen zeigt der Wasserstoff der OH-Gruppe eine den Kohlenwasserstoffen und dem H_2O gegenüber erheblich gesteigerte Reaktionsfähigkeit.

Es ist daraus auf eine stärkere Bewegung des H zu schließen. Da diese jedoch im Zusammenhang C–O–H auftritt, werden auch die anderen Atome, zum mindesten das O der OH-Gruppe mit an der Atombewegung beteiligt sein. Wäre H und O so bewegt wie in H_2O, so würde nach dem oben Gesagten die Verbrennungswärme eines Alkohols gegenüber dem entsprechenden Kohlenwasserstoff eine Minderenergie von 60,8 Kal. ergeben müssen. Tatsächlich aber beobachtet man nur einen Minderwert von 43,9 Kal. für jede OH-Gruppe. Die Differenz 60,8 — 43,9 = 16,9 Kal. ist das Äquivalent der erhöhten Bewegung der Alkohol-OH-Gruppe. Wieviel davon auf O und wieviel auf H fällt, ist von vornherein nicht zu entscheiden. Aus später darzulegenden Gründen nehme ich als wahrscheinlich an, daß die Energie des Sauerstoffs um 13,5 Kal., die des Wasserstoffs um 3,4 Kal. erhöht ist.

Nachstehend die auf Grundlage dieser Zahlen berechneten Verbrennungswärmen einiger Alkohole:

	Ber.	Gef.
Methylalkohol	172,1 Kal.	170,4 Kal.
Äthylalkohol	327,4 „	326,4 „
i-Propylalkohol	482,6 „	484,1 „
n-Butylalkohol	637,9 „	637,4 „
Amylalkohol	793,1 „	794,8 „
Pinakolinalkohol	948,3 „	947,3 „

Bei Gegenwart mehrerer OH-Gruppen ist ein entsprechendes Vielfaches von 43,9 zu berechnen. Man findet dann z. B. für

	Ber.	Gef.
Äthylglykol	283,4 Kal.	283,5 Kal.
Glycerin	394,9 „	392,7 „
Erythrit	506,4 „	504,5 „
d-Mannit	729,0 „	728,7 „
Dulcit	729,0 „	729,6 „

Ist die Annahme richtig, daß der Alkoholsauerstoff durch die Verbindung mit einem C-Atom seinen Energiegehalt erhöht, so muß sich diese Erscheinung in verstärktem Grade zeigen, wenn er, wie in den Äthern, beiderseits mit C verbunden ist. Wäre jener Energiezuwachs nur auf den H zurückzuführen, so müßte er jetzt verschwinden. Es wäre dann eben der O in $CH_3–O–CH_3$ ebenso bewegt wie in $CH_3–OH$ und in H–O–H. Dies ist aber nicht der Fall. Das Experiment ergibt, daß durchweg ein Äthersauerstoff gegenüber dem Sauerstoff in H_2O eine Mehrenergie von 30,4 Kal. aufweist. Da OH zusammen nur ein Plus von 16,9 Kal. zeigten, bestätigt sich mithin die Annahme der erhöhten Bewegung des O in Äthern, die auch mit den Atomrefraktionen in Einklang steht (S. 27). Wenn für jeden Äthersauerstoff bei Berechnung der Verbrennungswärme 60,8 — 30,4 = 30,4 Kal. in Abzug gebracht werden, ergeben sich z. B. folgende Werte:

	Ber.	Gef.
Dimethyläther, C_2H_6O	340,8 Kal.	343,1 Kal.
Diäthyläther, $C_4H_{10}O$	651,3 „	652,3 „
Dimethylformal, $C_3H_8O_2$	465,7 „	462,3 „
Dimethylacetal, $C_4H_{10}O_2$	620,9 „	619,1 „
Glykolacetal, $C_4H_8O_2$	560,2 „	558,6 „
Diäthylformal, $C_5H_{12}O_2$	776,2 „	773,0 „
Diäthylacetal, $C_6H_{14}O_2$	931,4 „	929,8 „
Dipropylformal, $C_7H_{16}O_2$	1086,7 „	1084,5 „

In den Ketonen und Aldehyden sind C und O doppelt miteinander verbunden. Ich fasse diese Art der Bindung als eine Vibration beider Atome auf, bei der in außerordentlich rascher Folge je zwei Valenzen beider Atome sich abwechselnd sättigen. Zu einer solchen Mehrbewegung ist ein erhöhter Energieaufwand erforderlich. Der Sauerstoff bewegt sich stärker als in H_2O und der Kohlenstoff stärker als in einfacher Bindung. Für die C=O-Gruppe ergibt das Experiment nun tatsächlich eine Energievermehrung von 27 Kal. Statt daß der O, wie im H_2O, eine Minderenergie von 60,8 Kal. besitzt, ist er in dieser Form nur mit 60,8 — 27 = 33,8 Kal. für jedes CO in Abzug zu bringen. Man findet so für

	Ber.	Gef.
Acetaldehyd	276,8 Kal.	279,1 Kal.
Propionaldehyd	432,0 „	434,2 „
Valeraldehyd	742,5 „	742,8 „
Aceton	432,0 „	426,7 „
Methyläthylketon	587,3 „	586,8 „
Diäthylketon	742,5 „	741,5 „
Methylpropylketon	742,5 „	740,2 „
Pinakolin	897,8 „	896,5 „
Dipropylketon	1056,0 „	1058,3 „

Der Wasserstoff der Aldehydgruppe verdankt seine größere chemische Reaktionsfähigkeit der Verbindung mit dem vibrierenden C-Atom. Ein Effekt der Superposition der Bewegungen, der in der Rechnung nicht zur Geltung kommt.

Für die Verbrennungswärme der ganzen $C=O$-Gruppe in den Aldehyden und Ketonen ergibt sich der Wert $94,5 — 33,8 = 60,7$ Kal. Es wirft sich nun die Frage auf, ob ein Unterschied dieses Wertes und der Verbrennungswärme des Kohlenoxyds $=C=O$ vorhanden ist, oder ob dieses sozusagen nur eine freie Carbonylgruppe ist.

Es steht fest, daß bei Verbrennung des C zu CO_2 94,5 Kal. frei werden, bei der intermediär erfolgenden Kohlenoxydbildung aber nicht die Hälfte dieser Wärmemenge, sondern wesentlich weniger. Berthelot fand bei der Verbrennung von Diamant zu CO bei konstantem Druck 26,1 Kal., dies würde, auf konstantes Volumen umgerechnet, 26,7 Kal. ergeben. Da jedoch die neueren Versuche zeigen, daß Berthelots Zahlen für die Verbrennung von Diamant etwas zu niedrig sind, ist auch hier eine entsprechende Korrektur erforderlich, und rund 27 Kal. anzunehmen.

Daraus folgt, daß bei der Verbrennung des CO zu CO_2 $94,5 — 27 = 67,5$ Kal. frei werden, der Energiegehalt im Kohlenoxyd mithin um $67,5 — 60,7 = 6,8$ Kal. größer ist als in der $C=O$-Gruppe der Aldehyde und Ketone. Dieser Unterschied entspricht dem verschiedenen chemischen Verhalten von $C=O$ in beiden Formen. Da aber auch im Kohlenoxyd das C-Atom nur in normalem Vibrationsverhältnis zu O steht, so folgt weiter, daß der Mehrgehalt der Energie auf eine stärkere Rotation des C zurückzuführen ist. Ich stelle mir die Konstitution des Kohlenoxyds so vor, daß infolge dieser verstärkten Rotation die vier Valenzen des C die zwei Valenzen des O alternierend sättigen. Näher kann dies erst im folgenden Kapitel begründet werden.

Weiter folgt nun, daß das Sauerstoffatom bei der Kohlenoxydbildung, also beim Übergang aus $O=O$ in $C=O$ folgende Wärmemengen abgegeben hat: 27 Kal., die frei wurden, 27 Kal. für die Vibrationsbewegung der Doppelbindung, 6,8 Kal. für die erhöhte Rotation, zusammen 60,8 Kal.

Bei der Verbrennung von CO zu CO_2 gibt der neu hinzutretende Sauerstoff ebenfalls 60,8 Kal. ab. Da aber in der CO_2 die besondere Rotation des C in CO nicht mehr vorhanden ist, wie sich aus dem inaktiven Verhalten der CO_2 schließen läßt, wird der entsprechende Energiebetrag von 6,8 Kal. frei, und es ergibt sich daraus für die Verbrennungswärme des CO $60,8 + 6,8 = 67,6$ Kal.

Dieser Energieunterschied des Sauerstoffs zwischen $O=O$ und $C=O$ von 60,8 Kal. hatte sich aber auch bei der Umwandlung des Sauerstoffs von O=O in H_2O ergeben. Es folgt hieraus die interessante Tatsache, daß trotz der verschiedenartigen Bewegung der Energiegehalt beider Sauerstofformen der gleiche ist.

Die Carbonsäuren enthalten eine mit der C=O-Gruppe verbundene OH-Gruppe. Diese ist hier mit einem vibrierenden C-Atom verkettet und ihre Bewegung ist daher eine andere als in den Alkoholen. War schon das H-Atom am vibrierenden C-Atom in den Aldehyden gelockert, so ist dies in noch viel höherem Grade bei dem Wasserstoff der mit ihm verbundenen Hydroxylgruppe der Fall, denn hier kommt noch die bewegende Wirkung des Hydroxylsauerstoffs hinzu. Wird die direkte Verbindung des Hydroxyls mit dem vibrierenden C-Atom unterbrochen, z. B. durch O in den Persäuren, so wird die Wirkung abgeschwächt und das H weniger beweglich (Hinsberg, Journ. f. prakt. Chem. 84, 174). Es liegt hier also eine Folge von Superposition der Bewegungen vor.

Das Experiment ergibt, daß das Hydroxyl der COOH-Gruppe nicht den höheren Rotations-Energiegehalt der Hydroxylgruppe in den Alkoholen zeigt, sondern den Energiegehalt von OH in H_2O. Dies geht daraus hervor, daß die Verbrennungswärme der COOH-Gruppe gleich der eines H-Atoms in Kohlenwasserstoffen ist. Die Verbrennungswärme einer Monocarbonsäure einfacher Art berechnet sich mithin wie die des Kohlenwasserstoffs ohne CO_2. So findet man für:

	Ber.	Gef.
Essigsäure	216,0 Kal.	209,6 Kal.
Propionsäure	371,2 „	367,4 „
n-Buttersäure.	526,0 „	524,2 „
n-Valeriansäure.	681,7 „	681,4 „
Capronsäure	837,0 „	838,0 „
Isobutylessigsäure	837,0 „	837,0 „
Diäthylessigsäure	837,0 „	837,1 „
Äthylpropylessigsäure	992,2 „	994,0 „
n-Caprinsäure	1458,0 „	1457,3 „
Undecylsäure	1613,2 „	1614,9 „
Laurinsäure.	1768,5 „	1770,6 „

Die Carbonsäureester verhalten sich zu den Carbonsäuren wie die Äther zu den Alkoholen. Die Energiedifferenz zwischen den letzteren beträgt 30,4 — 13,5 = 16,9 Kal., wie oben gezeigt wurde. Das Experiment bestätigt die daraus sich ergebende Folgerung, daß die Verbrennungswärme der Carbonsäureester berechnet werden kann, wenn für COO der Wert 16,9 eingesetzt wird.

In dieser Weise findet man:

	Ber.	Gef.
Methylformiat	232,9 Kal.	233,3 Kal.
Methylacetat	387,9 „	390,0 „
Methyl-i-butyrat	697,5 „	692,5 „
Äthylformiat , ...	387,9 „	390,6 „
Äthyl-n-butyrat	853,6 „	852,0 „

Die Doppelbindung zweier C-Atome verändert den Charakter der organischen Körper erheblich. Der Ausdruck Doppelbindung entspricht zwar nicht dem Bilde, das ich mir von der $C=C$-Gruppe mache, doch wird es richtiger sein, ihn beizubehalten. Man denkt dabei unwillkürlich an eine verdoppelte, verstärkte oder wenigstens räumlich engere Bindung, während tatsächlich die zweite Bindung eine sehr lockere ist und wie die Untersuchung der Molekularvolumina ergibt, auch beträchtlich mehr Raum beanspruchende ist. Die $C=C$-Bindung denke ich mir als vibrierende Bewegung, die eine alterierende Absättigung der zwei Valenzen je eines der beiden schwingenden C-Atome zur Folge hat, ein Wechsel, der, wie aus optischen Erscheinungen geschlossen werden kann (S. 87), ein ungeheuer rascher ist. Wollte man für die Doppelbildung ein zutreffendes Symbol einführen, so müßte man C ‖ C und nicht $C=C$ schreiben. Doch genügt es, sich den veränderten Sinn des alten Zeichens zu vergegenwärtigen.

Bei der Vibration bleibt die Rotation erhalten; sei es, daß sie um die Verbindungslinie der beteiligten Valenzen, oder um eine hierzu parallele Achse erfolgt. Daher erfordert das Zustandekommen der Vibrationsbewegung einen Mehraufwand an Energie. Das Experiment zeigt, daß jede $C=C$-Bindung einen Energie-Mehrgehalt von 30,4 Kal. zeigt. Für ein C-Atom bedeutet dies eine Mehrbewegung entsprechend 15,2 Kal. Man findet für:

	Ber.	Gef.
Äthylen.	340,9 Kal.	340,0 Kal.
Propylen	496,1 „	497,9 „
Butylen.	651,4 „	650,6 „
Trimethyläthylen	806,1 „	807,6 „
Hexylen	961,9 „	959,9 „

Auch die dreifache Bindung $-C\equiv C-$ ist eine Kombination vibrierender und rotierender Bewegung, wobei letztere noch energischer ist als bei $C=C$ (S. 24). Es kommt dies bei dem chemischen Verhalten von Körpern mit $C\equiv C$-Bindungen zur Geltung, deren Atombewegung mitunter eine so beträchtliche ist, daß sie explosive Eigenschaften zeigen. Die Bestimmung von Verbrennungswärmen beschränkt sich auf wenige Beobachtungen, aus denen aber hervorgeht, daß der Energie-überschuß sehr bedeutend und etwa doppelt so groß ist als bei der Doppelbindung. Berechnet man für jedes dreifach gebundene C-Atom 30,4 Kal., so ergibt sich:

	Ber.	Gef.
Acetylen	310,6 Kal.	311,5 Kal.
Allylen	465,8 „	472,4 „

Die kinetischen Vorstellungen lassen sich auch mit Erfolg bei der Betrachtung der Verbrennungswärmen halogenhaltiger Kohlenstoff-verbindungen verwenden.

Die Verbrennung von Chlorverbindungen verläuft nicht immer ein-heitlich. Ist im Molekül Wasserstoff vorhanden, so bildet sich neben freiem Chlor mitunter auch Salzsäure, die sich dann im gebildeten Wasser löst. Hierdurch kommen unsichere Faktoren in die Berechnung, so daß wir uns auf die Ergebnisse von solchen Versuchen beschränken wollen, bei denen nur freies Chlor gebildet wird. Es ergibt sich nun, daß beim Chlor ganz analog wie beim Wasserstoff die Energie der Atome im Chlormolekül größer ist als in den C–Cl-Verbin-dungen. Wird Chlor bei der Verbrennung einer solchen Verbindung frei, so verbraucht es zur Bildung des energischer bewegten Moleküls Cl–Cl Wärme. Das Experiment hat ergeben, daß die Menge dieser negativen Verbrennungswärme für 1 Atom Cl 13,5 Kal. beträgt. Um diesen Wert fällt die Verbrennungswärme für jedes Cl-Atom niedriger aus. Man findet bei Berechnung dieses Abzuges für:

	Ber.	Gef.
Tetrachlorkohlenstoff	40,5 Kal.	37,8 Kal.
Hexachloräthan	108,0 „	110,0 „
Chloroform	84,4 „	89,4 „
Methylchlorid	172,1 „	172,9 „
Äthylchlorid	327,3 „	326,3 „
Monochloressigsäure	172,1 „	171,3 „
Monochloräthylaldehyd	232,9 „	234,4 „
Propylchlorid	482,6 „	480,2 „
Äthylmonochloracetat	496,1 „	496,9 „

Im Gegensatz zu den Chlorverbindungen ergibt die Verbrennungs-wärme der Jodverbindungen, daß das Jod in seinen Molekülen J–J weniger Energie besitzt als in der Verbindung C–J. Bei der Verbrennung wird ein Wärmebetrag frei, der für jedes J-Atom 13,5 Kal. beträgt.

Dieser Wert ist hier mithin positiv und der Verbrennungswärme hinzuzurechnen. Es ergibt sich für:

	Ber.	Gef.
Methyljodid	199,1 Kal.	201,8 Kal.
Äthyljodid	854,5 „	855,4 „
n-Propyljodid	509,1 „	512,4 „
i-Propyljodid	509,1 „	507,4 „
Methylenjodid	182,8 „	178,1 „
Jodoform	165,4 „	161,9 „

Das Brom steht in seinem Verhalten genau in der Mitte zwischen Chlor und Jod. Die Bewegungsenergie des Bromatoms ist die gleiche in Br–Br wie in C–Br. Bei der Berechnung der Verbrennungswärme von Br-Verbindungen kommt der Bromgehalt nicht zur Geltung. Es ergibt sich:

	Ber.	Gef. (Thomsen)
Methylbromid	185,6	184,7
Äthylbromid	840,9	841,8
Propylbromid	496,1	499,8

Überblicken wir die gewonnenen Resultate, so muß es zunächst auffallen, daß die verschiedenen Werte in einfachen Zahlenverhältnissen zueinander stehen und Vielfache von 3,35, von 6,75 und namentlich 13,5 sind. So ist die Verbrennungswärme des C zu CO das Zweifache, zu CO_2 das Siebenfache, die des Wasserstoffs das Fünffache von 13,5. Ist auch vielleicht ein großer Wert auf diese Übereinstimmung nicht zu legen, so ist die Tatsache immerhin beachtenswert.

Man findet die Zahl 13,5 auch bei den Neutralisationswärmen organischer und unorganischer Säuren, wenn nur der Versuch wie bei Bestimmung der Verbrennungswärmen bei 18° ausgeführt wird. Dabei wird eine OH-Gruppe, die mit Na usw. verbunden war, zu einer OH-Gruppe in H_2O. Es ist naheliegend, anzunehmen, daß auch hier wie bei den Alkoholen der Sauerstoff des Alkali-Hydroxyls eine um 13,5 Kal. größere Bewegungsenergie besitzt als in H_2O. Nachstehend einige Neutralisationswärmen:

NaOH + HCl	18,7 Kal.
NaOH + HNO_3	13,68 „
KOH + HCl	13,6 „
KOH + HNO_3	13,8 „
1/2 Mg(OH)$_2$ + HCl	13,7 „
NaOH + $CH_3 . CO_2H$	13,28 „

Auch bei der Verbrennungswärme von halogenhaltigen Körpern wurde der Energieunterschied zwischen den Halogen in C-Verbindungen und den Halogen-Molekülen $+$ und $-$ 13,5 Kal. gefunden. Es sei hinzugefügt, daß auch die Wärmemenge, die nach Thomsen bei der Verbindung von Chlor, Brom und Jod mit Wasserstoff frei wird, die gleichen Unterschiede zeigt.

	Bei 18⁰	Diff.
H $+$ Cl	$+$ 22,0 Kal.	
H $+$ Br	$+$ 8,4 „	13,6
H $+$ J (indirekt bestimmt) . . .	$-$ 6,0 „	14,4

Immerhin gewinnen die Werte durch diese Zahlenverhältnisse größere Zuverlässigkeit und man wird sie bei einfachen Körpern auch zu analytischen Zwecken gebrauchen können.

Es ergibt sich z. B. bei der d-Glukose oder l-Fructose bei Annahme von fünf Hydroxylgruppen und einer Aldehyd- oder Ketongruppe, die Zahl 678,4, während 677,5 bzw. 676,3 gefunden wurde. Doch bleibt dabei natürlich unentschieden, ob eine Aldehyd- oder Ketongruppe vorliegt, da beide den gleichen Wert besitzen.

Für den Rohrzucker gilt die von E. Fischer modifizierte Tollenssche Formel mit den drei Ätherbindungen als die wahrscheinlichste. Doch stimmt die Verbrennungswärme, die für Rohrzucker besonders sorgfältig bestimmt und von Fischer und Wrede mit **1351,5** festgestellt ist, nicht auf diese Formel. Hingegen ergibt die Berechnung bei Annahme der Formel $C_{10}H_{14}(OH)_8(CO)_2O$ **1353,6 Kal.**

Bedenkt man, daß auch für andere Disaccharide die gleichen Werte gefunden sind,

Milchzucker	1351,1
Maltose	1351,4
Trehalose	1350,6

so wird man nicht bestreiten können, daß damit ein Argument für das Vorhandensein von acht Hydroxyl- und zwei Keton- oder Aldehydgruppen gegeben ist.

Die additive Natur der Verbrennungswärme beschränkt sich auf Körper aus C, O und H oder Halogenen, die nicht mehr als eine Doppelbindung und keine ringförmigen Gebilde enthalten. Bei Stickstoffverbindungen werden die Verhältnisse schon komplizierter. Während bei einfachen Körpern die Bewegungen der Atome sich superponieren, ist dies bei Körpern mit verschiedenen Vibrationszentren und Spannungen nicht mehr der Fall, zum Verständnis ihrer Atombewegungen bedarf es der Zuhilfenahme bestimmter mechanischer Vorstellungen, zu denen zunächst das Studium der Atomvolumina erforderlich ist.

III. Die Atomvolumina.

Das was wir als Atomvolumen messen, ist das von den Atomen in der Bewegung eingenommene Volumen. Es ist namentlich das Verdienst Traubes (Über den Raum der Atome, 1899), hierauf hingewiesen zu haben. Wir besitzen in der Berechnung der Atomrefraktionen ein Mittel, um uns über das Verhältnis der von den bewegten Atomen eingenommenen Volumina untereinander Rechenschaft zu geben, da die Atom- und Molekularrefraktionen ihnen direkt proportional sind (Nernst, Theoret. Chem. 1913, S. 343). Die absoluten Größen sind uns zurzeit unbekannt. Die Molekularrefraktion ist eine Funktion dreier Größen: des Brechungsexponenten eines aus Luft in die zu untersuchende Flüssigkeit eintretenden Lichtstrahles von bestimmter Wellenlänge, der Dichte der Flüssigkeit und ihres Molekulargewichtes. Es sind verschiedene Formeln für diese Beziehungen aufgestellt worden. Als beste Annäherung eines von der Temperatur unabhängigen Ausdruckes gilt die gleichzeitig von Lorenz in Kopenhagen und von Lorentz in Leiden auf verschiedenem Wege abgeleitete Formel. Ist n_a der Brechungsexponent für den Lichtstrahl H_a im Wasserstoffspektrum, d die Dichte und g das Molekulargewicht der Substanz, so lautet die Formel für die Molekularrefraktion

$$M_a = \frac{n_a^2 - 1}{n_a^2 + 2} \cdot \frac{g}{d}.$$

Es ist dies eine Annäherungsformel und der Ausdruck nicht absolut unabhängig von der Temperatur. Trotz der großen Genauigkeit, mit der die einzelnen Größen n_a, g und d bestimmt werden können, darf man daher von der Formel keine unbedingt scharfen Proportionalwerte erwarten. Sie gilt ferner nur für Flüssigkeiten und ihre Anwendung ist daher beschränkt. Die Ableitung setzt lange Lichtwellen voraus, und es sind deshalb hier die Werte für den Lichtstrahl H_a als die brauchbarsten gewählt. Eine vorzügliche Durcharbeitung der auf Grund obiger Formel berechneten Molekularrefraktionen verdanken wir Brühl. Eine Ergänzung und Revision der Resultate ist unter Aufstellung wertvoller Gesichtspunkte von Eisenlohr gegeben worden (Spektrochemie der Kohlenstoffverbindungen, 1912).

Brühl und eine Reihe anderer Forscher haben zum Zweck analytischer Verwendung versucht, aus den Molekularrefraktionen Schlüsse auf die Größe der Atomrefraktionen zu ziehen, und zu beweisen, daß die Summe der Atomrefraktionen die Molekularrefraktionen ergebe. Doch zeigte sich bald, daß solche Additionen nicht immer stimmen, und daß es dabei sehr auf die Konstitution der Verbindung ankommt. Man mußte für C und O je nach der Bindungsart mehrere Werte einführen, und für Stickstoff rechnete Brühl nicht weniger als 27 Werte heraus. Nur für Wasserstoff wurde von Brühl und Eisenlohr ein stets gleichbleibender Wert angenommen. Die neuen Berechnungen Eisenlohrs ergaben für Wasserstoff 1,092. Für Sauerstoff fand er die Werte:

Hydroxylsauerstoff 1,522
Äthersauerstoff 1,689
Carbonylsauerstoff 2,189

Doch ist es willkürlich, welchen Anteil man von dem für OH gefundenen Wert dem O und welchen man dem H zuschreiben will. Eykman hat daher vorgezogen, die Refraktionen nur für Gruppen wie OH zu berechnen und aus solchen Gruppenwerten die Molekularrefraktion zusammenzusetzen. Ist auch dieser Gedanke dem Chemiker sehr einleuchtend, so ist doch ohne Zweifel erstrebenswerter, bis zu den Volumverhältnissen der Atome zu gelangen. Man wird daher besser bei den Berechnungen von Eisenlohr bleiben. Für Kohlenstoff fand er drei Hauptwerte:

Für einfach gebundene C 2,413
Für doppelt gebundene C 3,256
Für dreifach gebundene C 3,577

Dabei ist zu bemerken, daß diese Werte nicht direkt angegeben werden, sondern nur in Form sogenannter Inkremente, worunter summarische Zusatzgrößen für die Doppelbindung (1,680) und dreifache Bindung (2,328) verstanden sind. Diese indirekte Ausdrucksweise ist für die analytischen Zwecke ganz bequem, aber für die Frage nach dem von einem Atom eingenommenen Raum, die uns hier beschäftigt, nicht geeignet. Nun sind aber mit diesen drei Größen die Werte für C keineswegs erschöpft. Es ergab sich vielmehr, daß bei komplizierten Körpern mit mehreren Doppelbindungen oder Ringbildungen sich teils höhere, teils geringere Werte für die Atomrefraktion des Kohlenstoffs berechneten, die man dann als Exaltationen oder Depressionen in Form selbständiger Faktoren in Anrechnung brachte. Auch hier handelt es sich tatsächlich um neue Volumwerte des C in anderen Bewegungsformen. Auch das Bestreben Eisenlohrs, die zahlreichen Werte Brühls für Stickstoff auf ein etwas geringeres Maß herabzurücken, mag vom Standpunkt des analytischen Chemikers zweckmäßig sein, ändert aber die Tatsache nicht, daß die Atomvolumina des Stickstoffs stark variieren.

Daß ein und dasselbe Atom so verschiedene Volumina einnehmen kann, läßt sich nur erklären, wenn man es verschiedenartig bewegt denkt und den bei der Bewegung eingenommenen Raum mit dem der Refraktion proportionalen Volumen gleichsetzt. Um untersuchen zu können, ob die empirisch gefundenen Zahlen mit dem Bild von Vibration und Rotation, das den vorliegenden Ausführungen zugrunde liegt, in Einklang stehen, ist es erforderlich, sich eine genauere Vorstellung über die Gestalt der in die Erscheinung tretenden Oberfläche der Atome im Ruhezustand und die Größe ihrer Bewegungen zu machen.

Da für die Gestalt der Atome keine sicheren Anhaltspunkte vorliegen, ist man auf Hypothesen angewiesen. Es liegt nahe und ist besonders durch A. Werner in neuerer Zeit vertreten worden, daß die Form der Atome als Kugel zu denken sei, und doch kann ich mich, wenn ich die mannigfache Verschiedenheit der Atome im System der Elemente, die Art ihrer Anordnung zu Molekülen, z. B. im Benzol, und den Wechsel der Atomvolumina bedenke, mit der Kugelgestalt nicht befreunden. Auch die seltsamen Formen, die J. Stark (Prinzipien der Atomdynamik II, S. 104) vorgeschlagen hat, kann ich nicht für wahrscheinlich halten. Betrachtet man die chemische Anziehung als eine dem Magnetfeld vergleichbare Kraftwirkung und ihre Verteilung an der Oberfläche des Atoms analog der Verteilung elektrischer Ladungen, so kommt man zu der Vorstellung, daß die Bildung mehrerer Maxima der Anziehung, der Valenzen sich durch eine Spitzenwirkung erklären läßt. Wie an einer Spitze, die sich an der Oberfläche eines Leiters befindet, selbst schwache Ladungen sehr große Dichte erlangen, und die Zahl der aus- und eingehenden Kraftlinien und Niveauflächen nahe zusammenrückt, so kann sich auch an Spitzen einer Atomfläche die Anziehungskraft häufen. Aus dieser Vorstellung würde zu folgern sein, daß verschieden gestaltete, schärfere oder stumpfere Spitzen verschiedene Kraftwirkungen äußern können, daß also eine Atomfläche stärkere und schwächere Spannungsmaxima — Haupt- und Nebenvalenzen — äußern kann; und ferner wird zu folgern sein, daß außer an den Maximalstellen auch die ganze übrige Oberfläche noch eine gewisse, wenn auch weit schwächere Anziehungskraft besitzen muß, die sich noch am stärksten an etwa vorhandenen Kanten konzentriert. Die geringeren Valenzkräfte könnten dann noch genügend sein, um Molekularadditionen zu bilden.

Von diesem Gesichtspunkt aus gewinnt die Annahme der Tetraederform der Kohlenstoffatomfläche eine neue Bedeutung. Es ist nicht mehr die zur Erklärung von Isomerien erdachte Hilfskonstruktion,

sondern ein realer Ausdruck der Kraftverteilung. Daß die vier
Valenzen gleichwertig, und daß sie symmetrisch im Raum verteilt sind,
ist durch ungemein zahlreiche Beobachtungen erhärtet. Die scheinbaren
Widersprüche, z. B. die Waldensche Umkehrung, beruhen auf den starren
Formeln und verschwinden, sobald man die Atome bewegt denkt (S. 104).

Den nachfolgenden Berechnungen der Atomvolumina ist die Annahme zugrunde gelegt, daß das Kohlenstoffatom als erste Annäherung
Tetraederform besitzt. Wenn auch das Resultat der Berechnungen
durchaus befriedigend ist, so kann man daraus einen unbedingt
sicheren Rückschluß auf die Atomgestalt doch nicht ziehen, denn es
ist möglich, daß auch anders geformte Körper existieren, die bei den
Rotations- und Vibrationsbewegungen ähnliche Unterschiede der Raum-
erfüllung zeigen. Aber zweifellos findet die Annahme der Tetraederform eine weitere Stütze in dem Ergebnis der Berechnungen.

Bei den Zeichnungen habe ich auf eine perspektivische Wieder-
gabe verzichtet und mich mit Grundriß und Seitenansichten begnügt,
die zusammen ein genaueres, ebenso klares Bild geben. Die sehr einfache mathematische Ableitung der Volumberechnungen glaube ich
fortlassen zu dürfen. Die empirischen Zahlenwerte sind, wo nicht
anderes angegeben, den Tabellen von Landolt und Börnstein 1912
entnommen.

Um die Atomvolumina untereinander in Beziehung zu bringen,
soll als Volumeinheit ein Kohlenstofftetraeder von der Kantenlänge s
gewählt werden. Das Volumen eines solchen Tetraeders ist dann

$$s^3 \frac{\sqrt{2}}{12} = s^3 \, 0,11785.$$

Fig. 2.

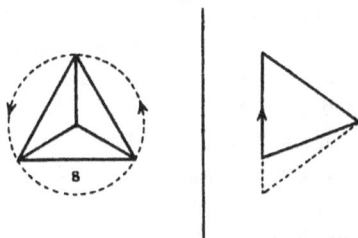

In einfachen Kohlenstoffverbindungen ist das Atom als rotierend
angenommen. Im Methan und allgemein in der CH_3-Gruppe findet die
Rotation um eine Symmetrieachse statt, und es entsteht so ein Kegel
(Fig. 2).

2*

Das Volumen dieses Kegels ist dann

$$s^3 \frac{\pi}{9} \sqrt{\frac{2}{3}} = s^3 \, 0,2850.$$

Aus der Berechnung der Molekularrefraktionen einfacher Kohlenstoffverbindung leitet sich für ein Kohlenstoffatom (in CH_3 usw.) die Atomrefraktion 2,413 ab. Da letztere dem Volumen proportional ist, ergibt sich $\frac{2,413}{s^3 \, 0,2850} = const.$ Wir können also, um die für die gewählte Einheit berechneten Atomvolumina auf Refraktionszahlen umzurechnen, für s^3 den Wert $\frac{2,413}{0,285} = 8,47$ einführen.

Vereinigen sich zwei C-Atome untereinander mit je einer Valenz, so bleibt die Rotation unverändert erhalten. Es versteht sich, daß die anziehenden verbindenden Valenzkräfte das Bestreben haben, sich in eine Gerade zu setzen, die zur gemeinsamen Achse wird, wobei die Drehung keineswegs in gleichem Sinne zu geschehen braucht. Schon Wislicenus hat bekanntlich die Hypothese aufgestellt, daß in einfachen C–C-Verbindungen die Kohlenstoffatome rotieren (Über die räumliche Anordnung der Atome im Raum, 1887). Er begründete diese Annahme mit der Tatsache, daß von den Verbindungen vom Typus CH_2R–CH_2R immer nur eine Form gefunden wurde und nicht mehrere Isomere, die man voraussehen kann, wenn die Tetraeder nicht rotieren. Allerdings ging Wislicenus nicht so weit, eine bleibende Rotation anzunehmen, sondern dachte sich die Drehung nur so lange bestehend, bis ein durch die Anziehungsverhältnisse der Substituenten untereinander bedingtes Gleichgewicht eingetreten sei. So z. B. hätten im Äthylenchlorid die beiden Cl-Atome die Tendenz, sich tunlichst weit voneinander zu entfernen. Wenn man die sehr große Energie der Rotationen und die allgemein geltende Berechnung der Thermodynamik berücksichtigt, wird man die Annahme der nach der Rotation stillstehenden Atome verwerfen müssen. Nur deshalb kennen wir nicht mehr als ein Äthylenchlorid, weil beide C-Atome dauernd rotieren.

Dies einfache Verhältnis verschiebt sich, sobald ein drittes C-Atom hinzutritt. Betrachten wir zunächst das mittelständige C-Atom. Es wird an zwei Spitzen festgehalten und kann infolgedessen nur noch um die Verbindungslinie rotieren. Aber eine vollständige Drehung kann nicht mehr zustande kommen, denn bei der Drehung werden die Richtungen der Anziehungskräfte zu den Nachbaratomen aus der axialen Lage gebracht. Es entsteht eine Spannung, die, sobald ein gewisser Ausschlag erreicht ist, zu einer Rückbewegung führen muß. Hierdurch tritt dann eine oszillierende Drehbewegung ein. Diese Erscheinung beschränkt sich aber nicht auf das mittelständige Atom. Auch die endständigen C-Atome werden jetzt statt der vollständigen Rotation oszillierende Drehbewegungen ausführen müssen, da die gleichen Spannkräfte bei der Unterbrechung der axialen Gleichrichtung auch für sie zur Wirkung kommen. Die Drehungsrichtung zweier benachbarter C-Atome muß danach immer entgegengesetzt sein.

Die von Baeyer für Ringe entwickelte Spannungstheorie hat demnach eine weit allgemeinere Bedeutung. Sie gilt für jedes Kohlenstoffgebilde, das mehr als zwei C-Atome enthält. Hieraus ergibt sich eine weitere interessante Schlußfolgerung. Die Körper mit ein und zwei C-Atomen nehmen eine Sonderstellung ein, da nur in ihnen die C-Atome frei rotieren können. Tatsächlich zeigen sich stets Abweichungen der Molekularrefraktionen bei den ersten Gliedern homologer Reihen. Ferner findet man stets bei ihren Siedepunkten Anomalien (Nernst, Theoret. Chemie 1913, S. 353). Auch ihre Verbrennungswärmen zeigen zuweilen kleine Unregelmäßigkeiten, doch ist dabei zu bedenken, daß es sich meist um flüchtige Körper oder Gase handelt, bei deren Verbrennung leicht Fehler entstehen. Man hat diese Differenzen durch Assoziationen zu erklären versucht. Mir scheint diese Hypothese nicht genügend begründet; aber selbst wenn sie zuträfe, wäre damit bei starren Formeln noch kein Grund gegeben, weshalb stets gerade nur die zwei ersten Glieder aller Reihen sich assoziieren, z. B. also nur Ameisensäure und Essigsäure, aber nicht Propionsäuren oder höhere Carbonsäuren. Die Anomalien erweisen sich nunmehr als Folge der Atombewegung.

Um den Ausschlagswinkel der Rotation annähernd berechnen zu können, müssen wir in Erwägung ziehen, daß, wie die Untersuchungen ergeben haben, die einfach gebundenen C-Atome in den verschiedenen Verbindungen stets wenigstens annähernd die Atomrefraktion 2,413 zeigen. Für das endständige C-Atom ergäbe sich danach eine Rotation von 120°, da nur bei diesem Ausschlag der Kegel geschlossen wird. Für ein mittelständiges C-Atom, dessen Bewegung durch Fig. 3 veranschaulicht ist, ergibt sich folgende Berechnung. Bei vollständiger

Drehung um die Verbindungskante wäre das Volumen $= s^3 \frac{\pi}{4}$; mithin, wenn φ der Winkel abc und da das Volumen gleich dem des Kegels ist:

$$ s^3 \frac{\pi}{4} \frac{\varphi}{360} = 0,2850. $$

Hieraus folgt, daß $\varphi = 130,63°$. Der Ausschlag eines Punktes des C-Atoms ergibt sich durch Abzug des Winkels $\psi = abd$, dessen Größe durch die Gleichung $sin \dfrac{\psi}{2} = \dfrac{1}{\sqrt{8}}$ gegeben ist. Danach ist $\psi = 70,56°$,

Fig. 3.

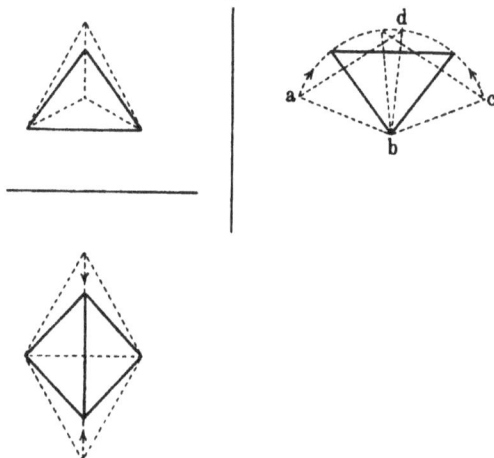

und mithin ist als Ausschlagswinkel der Rotation eines jeden Punktes des mittelständigen C-Atoms 60° anzunehmen.

Setzen sich nun vier und mehr C-Atome in gerader Reihe aneinander, so pendeln stets die mittelständigen C-Atome im Winkel von

Fig. 4.

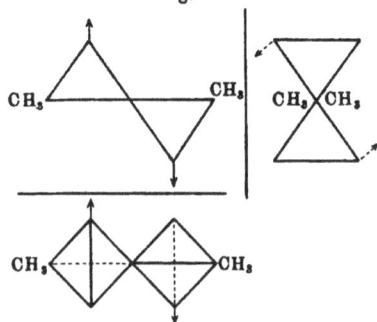

60° um die Kantenachsen, während in entgegengesetzter Richtung (Fig. 4) die endständigen C-Atome um eine Symmetrieachse mit einem Ausschlagswinkel von 120° oszillieren. Bei Ankettung von drei und vier C-Atomen an ein Zentral-C-Atom kommt es zu Superpositionen der Bewegungen. So verringert sich z. B. die Bewegung des mittleren durch CH_3 belasteten C-Atoms des Methyldiäthylmethans

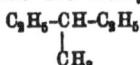

$$C_2H_5\text{-}CH\text{-}C_2H_5$$
$$|$$
$$CH_3$$

Auf dieser besonderen Art der Bewegung des tertiären C-Atoms beruhen die physikalischen und chemischen Eigenheiten seiner Derivate.

Dagegen führt aber das angehängte C-Atom der CH_3-Gruppe neben einer normalen Rotation eine entsprechende Mitbewegung mit dem zentralen C aus, so daß das durch die Bewegungen beanspruchte Gesamtvolumen das gleiche bleibt. Ich erwähne dies, namentlich um darauf hinzuweisen, daß die Rotationsbewegung des C-Atoms nicht etwa eine große Bewegung angehängter Seitenketten zur Folge hat.

———————

Bei der Doppelbindung C=C tritt zu einer rotierenden Schwingung eine geradlinige Vibration. Diese neue Bewegung entsteht, sobald in zwei einfach verbundenen, rotierend schwingenden C-Atomen je eine Valenz frei wird (z. B. bei Abspaltung von HBr aus Monobrom-Kohlenwasserstoffen). Es tritt dann durch die Anziehung der freien Valenzen eine Drehung beider C-Atome um den Verbindungspunkt ein, die Vereinigung löst sich vollständig, und unter Aufnahme von Energie entsteht eine Vibration beider Atome um ihre Gleichgewichtslage.

Die Phasen einer solchen Vibration sind in Fig. 5 dargestellt. Sobald die Phase I oder III erreicht ist, kehrt die Bewegung durch die

Fig. 5.

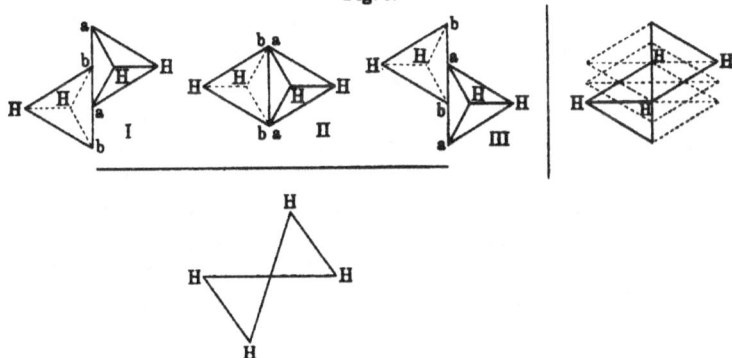

Anziehung der Valenzen a und b um. Nur in der labilen Phase II sättigen sich die Valenzen vorübergehend.

Der gemeinsame Mittelpunkt der Vibration kann sich bei verschiedener Belastung der beiden C-Atome einseitig verschieben.

Diese Vorstellung gibt eine Erklärung für das chemische Verhalten, besonders für die leichte Additionsfähigkeit der C=C-Gruppe. Thieles Begriff der „Partialvalenzen" erhält eine neue Bedeutung. Sie sind nichts anderes als alternierend freiwerdende normale Valenzen.

Die ursprüngliche Rotation der C-Atome, die in die C=C-Bindung übergehen, bleibt in bezug auf ihren Energiegehalt erhalten. Die Größe des Ausschlages ist bedingt durch die Tendenz der Valenzrichtungen, sich in gerade Richtung zueinander zu stellen. Da bei der Doppelbindung vier Valenzen diese Wirkung in gleichem Sinn ausüben, wird der Ausschlag annähernd halb so weit gehen als bei der einfachen Bindung.

Unter diesen Voraussetzungen läßt sich das von einem Atom der C=C-Bindung eingenommene Volumen derart berechnen, daß man die Summe der bei der Vibration eines C-Tetraeders um die Amplitude s und bei der normalen Rotation eines einfach gebundenen C-Atoms eingenommenen Volumina halbiert.

Da das Volumen des vibrierenden Tetraeders gleich dem eines Prismas vom Inhalt $\frac{s^8}{4}\sqrt{2}$ plus dem Tetraedervolumen ist, kommt man zu dem Ausdruck:

$$\frac{1}{2}s^8\left(\frac{\sqrt{2}}{4} + 0{,}1178 + 0{,}2850\right) = s^8\,0{,}3782.$$

Hieraus berechnet sich für die Atomrefraktion der Wert 3,203. Der von Eisenlohr ermittelte empirische Durchschnittswert ist 3,256.

Werden in zwei in Doppelbindung bewegten C-Atomen zwei weitere Valenzen frei, so entsteht die dreifache Bindung C≡C. Denken wir uns, daß auf die vibrierenden und zugleich rotierenden C-Atome die Anziehungskraft der freien dritten Valenz je eines C-Atoms wirkt, so wird diese Anziehung die Rotation erhöhen, der vergrößerte Ausschlag wird so weit gehen können, bis sich die Valenzspitzen berühren. Doch wird bei dieser Bewegung eine erhebliche Spannung dadurch hervorgerufen, daß die Ebene der zur Doppelbindung dienenden Valenzen stark gebrochen wird. Es tritt infolgedessen eine Rückwärtsbewegung ein und so entsteht die intermittierende dreifache Bindung.

Man kann sich aber auch denken, daß die zwei freiwerdenden Valenzen dem gleichen Kohlenstoff angehören. Dann wären die entstehenden Körper Analoga des Kohlenoxyds. Bekanntlich hat Nef diese Ansicht über die dreifache Bindung verteidigt. Er schreibt

Dijodacetylen $J_2C=C=$, das Calciumcarbid $CaC=C=$. Es würde dann ein C-Atom mit erhöhter Energie rotieren, so daß abwechselnd alle vier Valenzen zur vorübergehenden Sättigung kommen; das zweite C-Atom würde nur die normale Rotation eines vibrierenden C-Atoms wie in der Doppelbindung ausführen, Bewegungen, wie sie auch beim Kohlenoxyd anzunehmen sind (S. 28). Die bedeutende Energie-steigerung und Volumenmehrung des C in der dreifachen Bindung hängt mit der in beiden Fällen vermehrten Rotation zusammen. Ferner ist das chemische Verhalten der Körper mit drei-fachen C-Bindungen, ihre gesteigerte Additionsfähigkeit die Folge des Umstandes, daß in jeder Schwingungsperiode je drei Valenzen vor-übergehend frei sind. Welche der beiden geschilderten Schwingungs-formen die wahrscheinlichere ist, läßt sich durch die Atomrefraktionen nicht entscheiden, da die Summe der Volumina in beiden Fällen gleich ist. Es ist möglich, daß beide Formen existieren und leicht ineinander übergehen, und daß hierauf die Explosivität des Acetylens und vieler seiner Derivate bei Eintritt gewisser Bedingungen beruht. Baeyer hat bekanntlich diese Eigenschaften mit der potentiellen Energie der Spannung der Valenzrichtungen erklärt. Doch gibt diese Theorie keine Erklärung für die Vergrößerung des Atomvolumens. Die Span-nungen spielen allerdings eine Rolle, aber sie tragen nur zu der außer-ordentlich intensiveren Atombewegung bei. Die Eigenschaften der Körper mit dreifachen Bindungen sind eine Äußerung ihrer kine-tischen Energie.

Zur Berechnung des Atomvolumens eines C-Atoms in drei-facher Bindung gehen wir von dem C in der Doppelbindung aus. Wir hatten für die beiden C=C-Atome das Volumen derart berechnet, daß wir das eine nur vibrierend, das andere nur rotierend annahmen. Hier haben wir nun ein vollständig rotierendes C und ein wie in C=C vibrierendes und rotierendes C angenommen. Es kommt also das Mehrvolumen hinzu, das durch die verstärkte Rotation des zweiten C verursacht wird. Dies ist die Hälfte der Differenz zwischen dem normal rotierenden C und dem Tetraeder, mithin $\frac{s^3}{2}$ $(0,2850 - 0,1178)$ $= s^3 \, 0,0836$. Die Vermehrung der Atomrefraktion ist demnach 0,6979. Für zwei C=C-Atome beträgt die Atomrefraktion 6,406. Daraus ergibt sich für zwei C=C-Atome die Zahl 7,104 und für ein C-Atom 3,552.

Der von Eisenlohr gefundene empirische Durchschnittswert ist 3,577.

Während für das C-Atom die Tetraederfläche als eine Abstraktion, die der organischen Chemie große Dienste geleistet, vorliegt, steht für das Sauerstoffatom keine stereochemische Vorstellung zur Verfügung. Wir wissen, daß der Sauerstoff zwei Hauptvalenzen besitzt, die denen des C sehr ähnlich gerichtet sein müssen, da O häufig C in Ringen ersetzen kann und C=O- und C=C-Gruppen vielfach Analogien aufweisen. Außer den Hauptvalenzen besitzt der Sauerstoff noch zwei Nebenvalenzen, die schwächer, aber keineswegs unverhältnismäßig klein sind. Es lag die Annahme nahe, daß die Atomfläche des O derart gestaltet ist, daß die Richtung der vier Valenzen denen des C-Tetraeders entspricht, daß aber zwei Spitzen erheblich stumpfer sind und daher geringere Spannung und Anziehung zeigen. Dies läßt sich dadurch erreichen, daß man den Abstand vom Mittelpunkt verringert. Nehmen wir beispielsweise an, dieser Abstand betrage nur die Hälfte des Abstandes der Hauptvalenzspitzen, so erscheinen die Nebenvalenzspitzen stark abgeflacht, wie Fig. 6 zeigt.

Fig. 6.

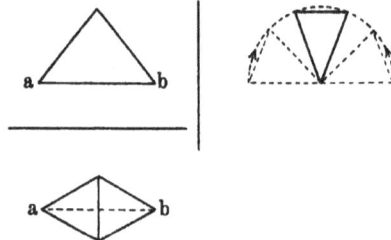

Das Volumen des O-Tetraeders wird dann zugleich kleiner als das des C-Tetraeders. Es ist zwar zunächst ganz willkürlich, den Spitzenabstand der Nebenvalenzen gerade mit der Hälfte zu bemessen, doch führt die Berechnung der Volumina auf Grund dieser einfachsten Annahme zu ganz befriedigenden Zahlen.

Auch beim Sauerstoff haben wir, wie bei Kohlenstoff, die endständige, mittelständige und zweifache Bindung zu unterscheiden. In den erstgenannten Fällen ist nur eine Rotation, im letzten eine Vibration und Rotation anzunehmen. Die Achse der Rotation wird mit der Kante a b der Verbindungslinie der allein belasteten Valenzen zusammenfallen. Der Rotationswinkel berechnet sich wie folgt:

Das Volumen der ganzen Drehung wäre $s^3 \pi \dfrac{11}{96} = s^3 \, 0{,}360$. Der empirisch gefundene Durchschnittswert für Hydroxylsauerstoff ist

(Eisenlohr) 1,522. Es ist mithin, wenn φ der von der Bewegung ausgefüllte Winkel,

$$s^3 \, 0{,}360 \, \frac{\varphi}{360} = 1{,}522,$$

sonach $\varphi = 179{,}7^0$ oder rund **180⁰**.

Ist der Sauerstoff zwischen zwei C-Atome gebunden, so wirken die Spannungen zusammen und es erhöht sich die Bewegung, wie sich dies aus den Zahlen der Verbrennungswärme (S. 8) ergeben hatte. Das Volumen des bei der Bewegung eingenommenen Raumes wird größer, die Atomrefraktion für Äthersauerstoff wurde zu **1,639** (Eisenlohr) gefunden. Dies entspricht dann einem vergrößerten Rotationswinkel von 193,5⁰.

Um das Volumen zu berechnen, ¦das ein **doppelt gebundenes Sauerstoffatom** einnimmt, haben wir ebenso zu verfahren wie beim Kohlenstoff. Wir denken uns zwei Atome Sauerstoff, von denen das eine mit der Amplitude s vibriert, das andere um 180⁰ rotiert, und nehmen die Hälfte der Summe. Das von dem vibrierenden Atom in der Bewegung eingenommene Volumen setzt sich zusammen aus einem Prisma vom Inhalt $s^3 \dfrac{3}{16 \sqrt{2}}$ und dem Sauerstofftetraeder, dessen Volumen $\dfrac{s^3}{16 \sqrt{2}}$ beträgt. Für das rotierende Atom war ¦bei der Bewegung um 180⁰ der Wert $s^3 \, 0{,}180$ gefunden worden. Die Hälfte der Summe beider Werte beträgt dann $s^3 \, 0{,}1784$. Hieraus berechnet sich für die Atomrefraktion des Sauerstoffs in C=O **1,511**. Will man die empirischen Durchschnittszahlen von Brühl und Eisenlohr für „Carbonylsauerstoff" mit diesem theoretischen Wert vergleichen, so muß man sich vergegenwärtigen, daß jene Zahlen den Mehrwert einschließen, den das Kohlenstoffatom der Gruppe C=O bei dieser Bindung gegenüber dem einfach gebundenen C-Atom zeigt. Es ist wichtig, hierauf besonders hinzuweisen, denn auf Grund jener hohen Atomrefraktionen + 2,328 bzw. 2,189 könnte man zu der Ansicht gelangen, daß das =O in C=O einen viel größeren Bewegungsumfang besitzen müsse als der Hydroxylsauerstoff, dessen Atomrefraktion nur 1,522 beträgt. Dies ist aber nicht der Fall. Wie berechnet wurde, ist die Atomrefraktion eines vibrierenden Kohlenstoffatoms in der C=C-Bindung 3,203, während die des einfacher gebundenen C-Atoms 2,413 ist. Die Differenz beträgt mithin 0,79. Addieren wir diese Werte, so ergibt sich 1,511 + 0,79 = **2,301**, also ein Wert, der den oben angeführten empirischen Zahlen sehr nahe steht.

Es zeigt sich demnach, daß der theoretisch ermittelte Wert für Carbonylsauerstoff (1,511) ein wenig niedriger ist als der Wert für Hydroxylsauerstoff (1,522), dieser aber beträchtlich niedriger als der Wert für Äthersauerstoff (1,639). Aus den Verbrennungswärmen wurde berechnet, daß der Energiegehalt des O in =O und in H_2O gleich ist (S. 11). Aus der Molekularrefraktion des Wassers berechnet sich (S. 29) die Atomrefraktion des O in dieser Verbindung zu **1,506**, so daß auch der Volumwert mit dem für =O berechneten (**1,511**) nahezu identisch ist.

Im Anschluß an die durch die Rechnung gestützte Vorstellung über die Form und die Bewegung des Sauerstoffatoms in der C=O-Bindung sei folgendes über die Atombewegungen im Kohlenoxyd bemerkt. Die Verbrennungswärme hatte einen sehr hohen Wert für den Energiegehalt der Rotation ergeben (S. 10), was die Annahme bestätigt, daß eine alternierende Sättigung der vier Valenzen des Kohlenstoffs durch die zwei Valenzen des Sauerstoffs dadurch zustande

Fig. 7.

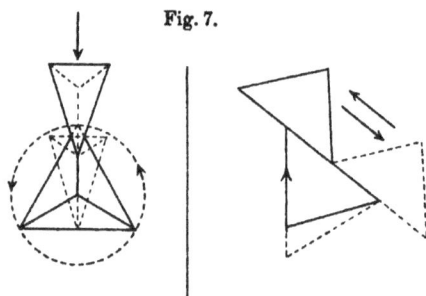

kommt, daß das C-Atom verstärkt um eine Symmetrieachse rotiert. Da nun zugleich beide Atome C und O im Vibrationsverhältnis stehen, ergibt sich für Kohlenoxyd das vorstehende schematische Bild (Fig. 7). Das C-Atom rotiert im Sinne des Kreises, und das O-Atom vibriert, wie durch die Pfeile angedeutet.

Die Vorstellung, die von der Form der Atomfläche von C und O gewonnen wurde, konnte nur dadurch abgeleitet werden, daß man das mehrwertige Atom in seinen verschiedenen Bindungsarten betrachten konnte. Dies ist beim Wasserstoff nicht möglich, und es erscheint daher zwecklos und wäre vergeblich, eine Hypothese über die Gestalt des H-Atoms aufzustellen.

Daß auch der Wasserstoff außer der Hauptvalenz noch Nebenvalenzen besitzt (wie namentlich von A. Werner behauptet wird), ist eine Konsequenz der entwickelten Theorie des Zusammenhanges der Valenzen mit der körperlichen Atomform, doch sind die Nebenvalenzen jedenfalls nur sehr schwach. Wir haben bei der Betrachtung über die Refraktionen den H in den Verbindungen zunächst unberücksichtigt gelassen. Wenn es auch anzunehmen ist, daß seine Bewegungen außer der Superpositionswirkung etwas variieren, und besonders in Verbindung mit vibrierenden C-Atomen größer sind, so ist doch bei seinem niedrigen Atomgewicht und seiner großen Beweglichkeit dieser Einfluß nicht erheblich und kann im Hinblick auf die Fehlergrenze der Beobachtungen zunächst außer Berechnung bleiben. Auch hatten wir festgestellt, daß der Energiegehalt nur um sehr kleine Beträge variiert. Aus den Untersuchungen ergibt sich, daß auch das Atomvolumen nahezu konstant ist. Brühl fand als Durchschnittswert der Atomrefraktion 1,103, Eisenlohr 1,092; beide nehmen in allen Verbindungen den gleichen Wert an. Die Größe dieser Zahl ist, wenn man die Atomgewichte berücksichtigt, sehr erheblich im Vergleich zu der der Refraktionen des C- und O-Atoms und läßt auf starke Bewegung schließen.

Nehmen wir für H den Refraktionswert 1,092 an, so berechnet sich für die Atomrefraktion von O in H_2O eine von dem Wert in OH der Alkohole etwas abweichende Zahl. Die Molekularrefraktion des H_2O wurde zu 3,69 (für H_α) bestimmt; subtrahieren wir den Wert von 2 H = 2,184, so ergibt sich für O der oben erwähnte Wert 1,506. Wie weit die empirischen Durchschnittswerte und die theoretischen Werte mit den Beobachtungen stimmen, soll an einigen Beispielen gezeigt werden, die zugleich dazu dienen können, die kleinen Abweichungen der ersten Reihenglieder (S. 21) zu zeigen. Für C=, C≡ und O= sind die aus der Bewegungstheorie abgeleiteten Werte verwendet. Die Molekularrefraktionen sind dann durch Addition der Atomrefraktionen wie üblich erhalten.

Alkohole.	M_α Ber.	Gef.
Äthylalkohol	12,90	12,72
i-Propylalkohol	17,50	17,46
n-Butylalkohol	22,09	22,08
n-Heptylalkohol	35,89	35,89
Äthylenglykol	14,42	14,42
Äther.		
Methylal	19,25	19,11
Acetal	33,04	32,98
Äthylpropyläther	26,80	26,82

Aldehyde.	Ber.	M_α Gef.
Acetaldehyd	11,95	11,51
Propylaldehyd	16,09	15,95
i-Butylaldehyd	20,58	20,54
Valeraldehyd	25,28	25,33

Ketone.		
Methylpropylketon	25,09	25,06
Äthylpropylketon	29,88	29,88
Methylhexylketon	39,08	39,10

Carbonsäuren.		
Ameisensäure	8,4	8,58
Essigsäure	13,02	12,98
Propionsäure	17,61	17,60
Capronsäure	31,41	31,36
Milchsäure	19,12	19,10

Carbonsäureester.		
Ameisensäureäthylester	17,73	17,73
Essigsäureäthylester	22,32	22,27
Essigsäurepropylester	26,80	26,85
n-Buttersäureäthylester	31,52	31,34

Körper mit C=C-Bindungen.		
Amylen	24,56	24,68
Hexylen	29,16	29,48
Allylmethylpropylcarbinol	39,88	40.08
Essigsäureallylester	26,19	26,28

Körper mit C≡C-Bindungen.		
Propargyläthyläther	24,72	24,84
Capryliden	36,87	36,87
Amylpropiolacetat	58,56	58,95

Es ist hieraus ersichtlich, daß bei diesen einfachen Verbindungen die Molekularrefraktionen sehr annähernd additive Größen sind. Dies ändert sich, sobald kompliziertere Bewegungen im Molekül auftreten.

IV. Stickstoffverbindungen.

Außer Kohlenstoff ist Stickstoff das einzige Element, für dessen Atom stereochemische Modelle in Vorschlag gebracht worden sind. Die Vorstellungen von van 't Hoff, Willgerodt, Behrend, Wedekind und anderen beruhen auf der Voraussetzung gleichartiger, von einem Zentrum ausgehender Valenzlinien. Betrachtet man die Atomfläche als eine Spannungsfläche und die Valenzen als ihre Spitzen, so wird man bei der Wahl eines Symbols für N davon ausgehen müssen, daß der N vier gleichartige und eine ungleiche

Valenz besitzt. Meisenheimer (Annal. 397, 273) hat neuerdings durchschlagende Gründe für die Ungleichheit der fünften Valenz beigebracht. Ferner ist zu berücksichtigen, daß je drei und je zwei Valenzen unter sich zusammenhängende Gruppen bilden; ferner, daß es bisher nicht gelungen ist, fünf H-Atome oder CH_3-Gruppen mit N zu verbinden und daß die Körper von der Zusammensetzung NR_3 sich ebenso wie die Körper von der Zusammensetzung NR_4R' wie gesättigte Moleküle verhalten. Schließlich ist in Erwägung zu ziehen, daß das N-Atom in vielen Verbindungen das C-Atom ersetzen kann, daß dies besonders bei Ringen und auch in der Form der Doppelbindung geschieht, wie z. B. in den Chinolinen. Aus allen diesen Gründen erscheint eine Form ähnlich der von Wedekind (Zur Stereochemie des fünfwertigen Stickstoffs, S. 27, 1907) vorgeschlagenen als bester Ausdruck der Erscheinungen. Die bekannte Hypothese von A. Werner, daß in Ammoniumverbindung, wie z. B. in Chlorammonium, der Stickstoff mit vier Wasserstoffatomen zu einem komplexen Radikal

Fig. 8.

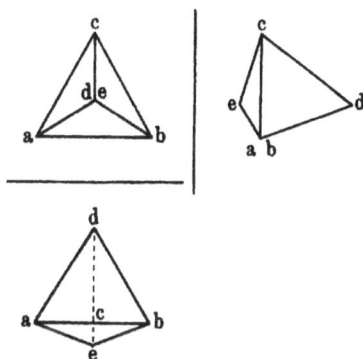

verbunden sei, und die Nebenvalenzen der vier H-Atome dann zusammen die fünfte Valenz bilden, halte ich nicht für wahrscheinlich. Wedekind geht vom Kohlenstofftetraeder aus und legt die fünfte Valenzrichtung in die Verlängerung einer Achse. Nach dem chemischen Verhalten ist zu schließen, daß diese fünfte Valenz eine erheblich stumpfere Spitze bildet als die anderen Valenzen. Nehmen wir z. B. an, wie dies auch bei Sauerstoff geschah, daß der Zentralabstand nur halb so groß sei wie der normaler Valenzen, so kommen wir zu vorstehender Form der Atomfläche (Fig. 8).

Die Spitzen abc sind die Hauptvalenzen, mit ihnen sind die H-Atome des Ammoniaks verbunden. Die Spitzen d und e, die Nebenvalenzen, stehen sich gegenüber. Hierdurch kann ein polarer Gegensatz geschaffen sein. R. Behrend (Ber. 23, 454) hat die Behauptung des polaren Gegensatzes der vierten und fünften N-Valenz schon früher — von anderen Gesichtspunkten ausgehend — aufgestellt. Man kann sich vorstellen, daß durch die entgegengesetzte Richtung eine innere Beziehung zwischen der freien vierten und fünften Valenz besteht und daß erst, sobald eine derselben gesättigt ist, die polare Valenz in die Erscheinung tritt.

Ich möchte aber auch hier wieder betonen, daß diese Annahmen über die Form des N-Atoms nur dazu dienen sollen, die Richtigkeit der Bewegungshypothese an einem möglichst wahrscheinlichen Bild zu beweisen, das nur als eine Annäherung an die Wirklichkeit anzusehen ist.

Betrachtet man das unregelmäßige Doppeltetraeder der N-Atomfläche, so ist klar, daß im Gegensatz zum regulären C-Tetraeder die Bewegungen bei verschiedener Belastung oder verschiedener Einwirkung von Rotationen verbundener anderer Atome verschiedene Volumina des bei der Bewegung eingenommenen Raumes ergeben müssen.

Eine rotierende Bewegung um die Längsachse de werden wir dann anzunehmen haben, wenn die drei Valenzen abc durch gleiche oder ähnliche Gruppen belastet sind, z. B. durch C-Atome in den tertiären Aminen. Das Volumen des bei der vollständigen Drehung oder einer Rotation von 120° entstehenden Kegels ist

$$s^3 \frac{\pi}{12} \sqrt{\frac{3}{2}} = s^3 \, 0{,}320,$$

und die Atomrefraktion für tertiären N berechnet sich demnach auf 2,71. Eisenlohr fand als empirischen Durchschnittswert 2,808.

Sind nur zwei Valenzen a und b stark belastet, wie in den sekundären Aminen, so wird eine Rotation um die Verbindungslinie ab anzunehmen sein. Sind a und b mit C-Atomen verbunden, so ist die nächstliegende Annahme, daß der Ausschlagswinkel der Rotation gleich dem des mittelständigen C-Atoms ist, da hier wie dort die gleichen Ablenkungen der Anziehungsrichtung zur Geltung kommen. Für das Volumen ergibt sich dann

$$s^3 \frac{\pi}{4} \cdot \frac{130{,}6}{360} + \frac{s^3}{48 \sqrt{2}} = s^3 \, 0{,}2997$$

und für die Atomrefraktion 2,537. Der empirische Durchschnittswert ist für sekundäre Amine nach Eisenlohr 2,478, nach Brühl 2,604.

Ist nun der N wie in primären Aminen nur an einer Hauptvalenz stark belastet, so wird er um eine von dieser Spitze ausgehenden Achse rotieren. Hierbei aber kommt die irreguläre Form der Fläche zur Wirkung und die Rotation wird daher zu einer unregelmäßigen Bewegung werden die einen geringeren Ausschlag der Rotation zur Folge hat. Man findet für das Atomvolumen des N in primären Aminen die Zahl 2,309.

Es sei dabei auf die interessante Tatsache hingewiesen, daß das empirische Verhältnis des Volumens von O in C–O–H zu dem Volumen von O in C–O–C 1,522:1,639 = 1:1,077 ist, und daß sich die Volumina von N in C–NH–H und in C–NH–C verhalten wie 2,309:2,478 = 1:1,071, daß mithin der Einfluß der Bindungen bzw. Spannungen tatsächlich einen ganz proportionalen Effekt in beiden Fällen hat.

Für Ammoniak ist die Atomrefraktion des N annähernd gleich der in primären Aminen, woraus zu schließen, daß auch hier der N um die Achse einer Hauptvalenz rotiert.

Die Atomrefraktion des doppelt gebundenen N ist wie die des doppelt gebundenen C und O zu berechnen, indem man die Summe der Volumina eines mit der Amplitude s vibrierenden und eines rotierenden, einfach gebundenen N-Atoms halbiert.

Das Volumen des vibrierenden N-Atoms ist $s^3 \frac{11}{32} \sqrt{2} = s^3\, 0{,}486$, und da die Atomrefraktion des einfach gebundenen N mit 2,309 gefunden worden ist, so ist das Mittel der Summe 3,212. Wie es der Substituierbarkeit von =N an Stelle von =C in Ringen entspricht, ist die Atomrefraktion nahestehend der eines doppelt gebundenen C, für die sich der Wert 3,203 ergeben hatte. Die von Brühl und Eisenlohr angeführten empirischen Werte für N in C=N schließen die Volumenvermehrung des doppelt gebundenen Kohlenstoffatoms ein. Um daher Vergleiche anstellen zu können, müssen wir zu dem wirklichen Volumen von =N noch die Differenz für die Doppelbindung eines =C addieren, die (S. 27) 0,79 beträgt. 3,212 + 0,79 = 4,002 wäre mithin mit den empirischen Zahlen zu vergleichen. Eisenlohr berechnet für tertiäre Imide 3,74. Brühl fand in Oximen 3,921, in Alkylalkylidenaminen (C–N=C) 4,035 und in Dialkylcarbimiden 3,91.

Die dreifache N≡-Bindung haben wir uns wie die C≡-Bindung als Resultat einer Vibration der C, verbunden mit besonders starker Rotation des N, vorzustellen. Für die Gruppe C≡N in Nitrilen würde sich bei analoger Berechnung wie für C≡C der Refraktionswert 3,203 + 2,309 = 5,512 ergeben. Die von Eisenlohr empirisch ermittelte Zahl ist für die Gruppe N≡C 5,515.

Um die additive Natur der Refraktionswerte und zugleich die Verwendbarkeit der mit Hilfe der Bewegungstheorie berechneten Zahlen zu zeigen, seien einige Beispiele angeführt:

Primäre Amine.	Ber.	M_α Gef.
n-Propylamin	19,37	19,34
i-Butylamin	23,97	23,90
Amylamin	28,57	28,57
Äthylendiamin	18,20	18,14

Sekundäre Amine.		
Diäthylamin	24,14	24,11
Dipropylamin	33,34	33,37
Diisobutylamin	42,53	42,70

Tertiäre Amine.		
Triäthylamin	33,57	33,54
Tripropylamin	47,36	47,37

Nitrile.		
Acetonitril	11,20	11,06
Propionitril	15,79	15,72
Capronitril	29,59	29,59

Zuverlässige Beobachtungen für Carbylamine liegen nicht vor. Die Bewegung ist hier unsymmetrisch derart zu denken, daß das C-Atom analog wie im Kohlenoxyd rotiert. Im N-Molekül ist eine symmetrische Bewegung beider N-Atome anzunehmen. Die Valenzen der beiden rotierenden Atome sättigen sich alternierend. Bekanntlich hat Claus (Ber. 14, 432) in einer Abhandlung, in der er sich gegen die konstanten Valenzverteilungen im Raum wendet, als hauptsächlichstes Argument die Unmöglichkeit der gleichzeitigen Absättigung der drei Valenzen des N im N≡N-Molekül angeführt. Bei starren Modellen ist dieser Einwand berechtigt, aber er verschwindet, sobald man die Bewegung des N-Atoms im N-Molekül mit in Betracht zieht.

Zur Ergänzung des gewonnenen Bildes dienen die Verbrennungswärmen der stickstoffhaltigen Verbindungen. Es ergibt sich zunächst die interessante Tatsache, daß die Bewegung des Stickstoffs im N-Molekül und im Ammoniak den gleichen Energiegehalt besitzt. Die Verbrennungswärme von NH_3 wurde zu 90,65 Kal. bestimmt. Dies ist das Dreifache der Verbrennungswärme (30,4), die für ein H-Atom in seiner Verbindung mit C oder in H_2O gefunden wurde, so daß der N bei der Verbrennung von NH_3, d. h. beim

Übergang in das N-Molekül, weder Wärme aufnimmt noch verliert. Sobald aber das N-Atom in Verbindung mit den rotierenden C-Atomen tritt, wird (wie bei O) seine Energie entsprechend erhöht und steigt mit der Zahl der mit ihm direkt verbundenen C-Atome. Je länger aber andererseits die Kohlenstoffseitenketten werden, um so größer wird die Belastung, so daß die Mehrbewegung zum Teil wieder aufgehoben wird, wenn sie auch stets noch etwas größer bleibt als im N-Molekül. Einen genauen Begriff über diese Verhältnisse geben folgende Zahlen. Es sind dabei die Verbrennungswerte von C und H nach den Normalwerten der Kohlenwasserstoffe·eingesetzt:

	Ber.	Gef.	Für N	Diff.
Methylamin	246,4 Kal.	257,0 Kal.	+ 10,6	
Dimethylamin	401,6 „	418,6 „	+ 16,6	6,0
Trimethylamin. . . .	556,9 „	580,6 „	+ 23,7	7,1

Diese Zahlen für N ändern sich schon etwas bei den Äthylverbindungen:

	Ber.	Gef.	Für N	Diff.
Äthylamin.	401,6 Kal.	409,9 Kal.	+ 8,3	
Diäthylamin	712,1 „	725,2 „	+ 13,1	4,8
Triäthylamin	1022,6 „	1040,2 „	+ 17,6	4,5

Sie verringern sich weiter bei

	Ber.	Gef.	Für N
Propylamin	556,9 Kal.	560,2 Kal.	+ 3,3
Tertiäres Butylamin .	712,1 „	716,0 „	+ 3,9
Isoamylamin.	867,4 „	869,7 „	+ 1,7
Hexylamin	1022,6 „	1025,6 „	+ 3,0

Für die Nitrile hatte sich bei Berechnung der Refraktion die Bewegung des N als eine Rotation wie in primären Aminen ergeben. Der höchste Energiemehrwert des N für diese beträgt, wie oben gezeigt wurde, + 10,6, für das damit verbundene vibrierende C ist der Mehrwert mit 15,2 einzusetzen. Unter Berücksichtigung dieser Zahlen berechnet sich für Nitrile die Verbrennungswärme mit folgenden Zahlen, wobei die empirisch ermittelten Werte von Lemoult (Compt. rend. 1909) in Vergleich gestellt sind:

	Ber.	Gef.
Acetonitril	305,9 Kal.	304,1 Kal.
Propionitril	461,2 „	458,5 „
n-Butyronitril	616,4 „	616,2 „

Die Carbylamine können wir als Analoge des Kohlenoxyds auffassen. Nur die außerordentlich große Energie des rotierenden C-Atoms ermöglicht in diesen Verbindungen die alternierende Absättigung der

Valenzen. Wir treffen dementsprechend sehr hohen Energiegehalt in den Carbylaminen an:

	Ber.	Gef.	Diff.
Methylcarbylamin	280,1 Kal.	318,8 Kal.	38,7
Äthylcarbylamin	435,3 „	479,5 „	44,2
Propylcarbylamin	590,6 „	639,5 „	48,9
Isobutylcarbylamin	745,8 „	795,8 „	50,0
Isoamylcarbylamin	901,0 „	949,2 „	48,2

Weitere Bestätigung wird die Stickstofftheorie bei der Behandlung der aromatischen Amine finden (S. 61).

Die Bewegung des N im Stickstoffmolekül und Ammoniak ist keineswegs die niedrigste, die wir kennen. Bildet N einen Bestandteil von Molekülen, die gleichzeitig C=O-Bindungen enthalten, so wird durch die Vibration dieser Gruppe die Bewegung des Stickstoffs erheblich herabgesetzt. Ob es sich hierbei nur um eine Verminderung der Frequenz der Oszillationen oder um eine Veränderung der Bewegungsart handelt, läßt sich zurzeit noch nicht entscheiden. Der Unterschied zwischen dem Energiegehalt des N-Atoms in dieser Kombination und im Stickstoffmolekül ist sehr bedeutend und beträgt etwa 15 Kal.

Man findet die Verbrennungswärme von

	Ber. ohne N	Gef.	Diff.	Für ein N
Harnstoff (2 N)	182,3 Kal.	152,6 Kal.	— 29,7	— 14,8
Parabansäure (2 N)	243,2 „	213,8 „	— 28,4	— 14,2
Hydantoin (2 N)	337,6 „	312,6 „	— 25,0	— 12,5
Allantoin (4 N)	479,1 „	415,1 „	— 64,0	— 16,0
Harnsäure (4 N)	523,3 „	462,2 „	— 61,1	— 15,3
Methylhydrouracil (2 N)	648,1 „	618,2 „	— 29,9	— 14,9

Aber es ist durchaus nicht erforderlich, daß die Gruppe CO und NH direkt miteinander verbunden sind, vielmehr tritt die Energieabnahme des Stickstoffs auch dann auf, wenn C=O und NH indirekt verbunden sind, wie z. B. in den Aminosäuren:

	Ber.	Gef.	Diff.
Glykokoll	246,4 Kal.	233,6 Kal.	— 12,8
d-Alanin	401,6 „	387,4 „	— 14,2
Isoserin	357,7 „	343,8 „	— 13,9
d-Asparaginsäure	401,6 „	387,4 „	— 14,2
d,l-Valin	712,1 „	700,1 „	— 12,0
Glutaminsäure	556,9 „	543,0 „	— 13,9
Leucin	867,4 „	855,5 „	— 11,9

Sind in derartigen Körpern mehrere C=O-Gruppen miteinander verbunden, so erscheint mitunter die Differenz etwas größer, doch beruht dies dann auf dem Zusammenwirken der Vibrationen (siehe den folgenden Abschnitt), z. B.:

	Ber.	Gef.	Diff. für ein N
Oxaminsäure	151,9 Kal.	133,5 Kal.	— 18,4
Oxamid	243,1 „	204,0 „	— 19,5
Oxaminsäuremethylester	324,0 „	305,2 „	— 18,8
Oxalursäure	243,1 „	206,8 „	— 17,1

V. Interferenz von Doppelbindungen.

Bei den einfachen Körpern, die in den vorhergehenden Abschnitten behandelt wurden, ergab sich, daß die einzelnen Atombewegungen durch Superposition der intramolekularen Bewegung additiv zur Geltung kommen. Sobald jedoch von mehreren Punkten des Moleküls Vibrationen ausgehen, oder wenn durch Ringschließungen die Anziehungsrichtungen abgelenkt werden, treten zu der Superposition neue Momente hinzu, die das Volumen der Atombewegung und ihren Energiegehalt beeinflussen. Betrachten wir, um dies zu erläutern, den einfachen Fall, daß in einer beliebigen Atomkette, die durch Fig. 9 dargestellt

Fig. 9.

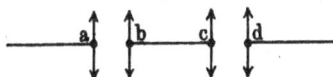

werden soll, an den Stellen ab und cd Vibrationen stattfinden. Solange beide Vibrationsstellen in gleicher Phase schwingen, werden sie ungestört nebeneinander bestehen. Sobald aber die Phasen verschieden sind — und in Wirklichkeit werden alle denkbaren Kombinationen vorkommen —, wird eine Interferenz stattfinden, ein Energieverlust die Folge sein und die Bewegungsgeschwindigkeit sinken.

Die Größe dieses Verlustes ist natürlich abhängig von der Richtung der Vibrationen und der Art der Verbindung von b und c.

Ein Fall, in dem zwei Vibrationsstellen unabhängig voneinander bestehen, liegt z. B. bei den C=O-Vibrationen der Oxalsäure vor; die Verbrennungswärme ist

	Ber.	Gef.
Oxalsäure	60,75 Kal.	61,09 Kal.
Oxalsäuredimethylester	402,8 „	402,5 „

— 38 —

Damit stimmt denn auch überein, daß die Molekularrefraktion normale Werte ergibt:

	Ber.	Gef.
Diäthyloxalat	$38,37 \, M_\alpha$	$33,42 \, M_\alpha$

Die Verbrennungswärme der Oxalsäure ist, nebenbei bemerkt, eine Bestätigung der für die Verbrennungswärme der Atomgruppe COO und von 2 H (60,75) berechneten Werte.

Sobald aber nun zwischen die beiden C=O - Gruppen C eingeschaltet wird, wie in der Malonsäure, tritt die Interferenz der Vibrationen ein. Die eingeschaltete CH_2 - Gruppe überträgt die Schwingungen, und die Folge ist eine Verminderung des Energiegehaltes. Das mittlere C-Atom ist bei dieser Funktion starken Bewegungen ausgesetzt, die sich durch die Beweglichkeit der mit ihm verbundenen H - Atome (Natriummalonsäureester) zu erkennen geben.

Wird die vermittelnde Rolle des C-Atoms durch starke Belastungen vermindert, so verringert sich entsprechend der Zusammenhang der Vibrationen, bis schließlich wieder normale Energiebeträge, d. h. unabhängige Vibrationen, auftreten.

So findet man die Verbrennungswärme von

	Ber.	Gef.	Diff.
Malonsäure	216,0 Kal.	208,0 Kal.	— 8,0
Methylmalonsäure	371,2 „	365,7 „	— 5,5
Äthylmalonsäure	526,5 „	510,2 „	— 8,3
Propylmalonsäure	681,7 „	675,1 „	— 6,6
Isopropylmalonsäure	681,7 „	675,3 „	— 6,4

Auch die Ester zeigen eine analoge Energiedifferenz:

	Ber.	Gef.	Diff.
Dimethylmalonat	558,1 Kal.	552,8 Kal.	— 5,3
Diäthylmalonat	868,6 „	761,2 „	— 7,4

Die Differenz verringert sich bei

	Ber.	Gef.	Diff.
Diäthylmalonsäure	837,0 Kal.	832,8 Kal.	— 4,2
Äthylpropylmalonsäure	992,2 „	988,6 „	— 3,6

und verschwindet bei

	Ber.	Gef.
Heptylmalonsäure	1302,7 Kal.	1302,2 Kal.
Oktylmalonsäure	1458,0 „	1457,8 „

Eine sehr erhebliche Belastung bilden Hydroxylgruppen. Man erkennt dies bei der

	Ber.	Gef.
Mesoxalsäure (Dioxymalonsäure)	129,2 Kal.	129,5 Kal.

bei der das belastete C-Atom nicht mehr imstande ist, Vibrationen fortzuleiten.

Auf das Molekularvolumen hat die Interferenz der Vibrationen keine Wirkung, denn die Bewegungen sind zwar langsamer, nehmen aber den gleichen Raum ein. Für die Molekularrefraktionen der Malonsäureester fand Auwers (Ber. 46, 509) die folgenden Werte:

	Ber.	Gef.
Malonsäurediäthylester	37,87 M_a	37,75 M_a
Methylmalonsäurediäthylester	42,47 „	42,46 „

Analoge Energieverhältnisse, wie die Malonsäure, zeigt die Gruppe der Bernsteinsäure. Die Übertragung der Vibrationsbewegung ist durch die beweglichere Gruppe CH_2–CH_2 sogar noch besser vermittelt als durch CH_2. Belastung der Gruppe CH_2–CH_2 verringert wiederum die Wirkung und kann sie sogar, wie z. B. die durch Hydroxylgruppen in der Weinsäure, ganz aufheben. Es ergibt sich für

	Ber.	Gef.	Diff.
Bernsteinsäure	371,2 Kal.	356,0 Kal.	— 15,2
Methylbernsteinsäure	526,5 „	515,4 „	— 11,1
Äthylbernsteinsäure	681,7 „	672,3 „	— 9,4
Isopropylbernsteinsäure (Pimelinsäure) . . .	836,9 „	823,8 „	— 8,1
Dimethylbernsteinsäure (symmetrische) . . .	681,7 „	674,6 „	— 7,1

Hingegen zeigt die Dioxysäure keine Interferenz, analog wie die Mesoxalsäure:

	Ber.	Gef.
Weinsäure	283,5 Kal.	282,0 Kal.

Treten die Carboxylgruppen noch weiter auseinander als in der Bernsteinsäure, so ändert dies nur wenig. Auch bei langen Ketten nimmt die Übertragung der Vibrationsbewegung nur unbedeutend ab. Es ergibt:

	Ber.	Gef.	Diff.
Adipinsäure (Hexandisäure)	681,7 Kal.	669,0 Kal.	— 12,7
Korksäure (Octandisäure)	992,2 „	985,4 „	— 6,8
Dimethyladipinsäure	992,2 „	983,4 „	— 8,8
Azelainsäure (Nonandisäure)	1147,4 „	1140,9 „	— 6,8
Sebacinsäure (Decandisäure)	1302,7 „	1292,8 „	— 9,9

Aus der Vorstellung der Interferenz der Vibrationen läßt sich folgern, daß in Verbindungen, in denen eine dritte Carboxylgruppe in anderer Richtung steht, diese den Energiegehalt nicht beeinflußt. Man findet dementsprechend nur die normale Energiedifferenz von zwei CO-Gruppen bei:

	Ber.	Gef.	Diff.
Tricarballylsäure, OHC–CH–CH–CH–COH . .	526,5 Kal.	517,0 Kal.	— 9,5

$$\overset{\|}{\underset{O}{}} \quad OHC{=}O \quad \overset{\|}{\underset{O}{}}$$

Bei der Oxytricarballylsäure, der Citronensäure, ergibt sich eine noch etwas geringere Differenz infolge der Belastung durch OH:

	Ber.	Gef.	Diff.
Citronensäure	482,6 Kal.	475,9 Kal.	— 6,7

Die gegenseitige Beeinflussung von C=O-Gruppen ist natürlich nicht auf Dicarbonsäuren beschränkt. Wir sehen z. B. analoge Differenzen bei der Lävulinsäure oder bei den Acetessigestern:

	Ber.	Gef.	Diff.
Lävulinsäure, $CH_3CO(CH_2)_2COOH$	587,3 Kal.	577,1 Kal.	— 10,2
Acetessigsäuremethylester, $CH_3CO-CH_2-COOCH_3$	602,5 „	594,3 „	— 8,3
Acetessigsäureäthylester	757,7 „	754,1 „	— 3,6

Daß bei dem Äthylester die Differenz geringer ist, beruht darauf, daß dieser mehr von der Enolform enthält als der Methylester. Kurt H. Meyer fand den Gehalt bei Methylester zu 4 Proz., bei Äthylester zu 7,4 Proz. Enol (S. 80), ein Unterschied, der auch hier in die Erscheinung tritt. Der gleiche Faktor kommt bei Bestimmung der Molekularrefraktion in Betracht:

	Ber.	Gef.
Acetessigsäureäthylester	31,54 M_α	31,91 M_α

die etwas zu hoch gefunden wurde, da der Berechnungsexponent mit steigendem Enolgehalt zunimmt (Knorr, Ber. 44, 1147).

Sind im Molekül zwei C=C-Bindungen vorhanden, so beobachten wir, je nach ihrer Stellung, wiederum eine der Verlangsamung der Vibrationen entsprechende Verminderung des Energiegehaltes. Infolge der an sich energischen Bewegung der C=C-Vibration ist hier auch die Differenz größer, als bei der Kombination mehrerer C=O-Gruppen. Zugleich tritt ein neues Moment, die besondere Wirkung benachbarter „konjugierter" Doppelbindungen, hinzu. Es werden dadurch Änderungen des Energiegehaltes und besonders Vergrößerungen der Molekularvolumina bzw. Refraktionen, sogenannte Exaltationen, hervorgerufen. Um dies zu verstehen, ist es erforderlich, sich zunächst ein Bild über die Bewegungen der C-Atome bei solchen Kombinationen zu machen.

Wir wollen dabei von dem einfachsten Fall der konjugierten Doppelbindung $-\overset{a}{C}H=\overset{b}{C}H-\overset{c}{C}H=\overset{d}{C}H-$ ausgehen. Wenn in dieser Vibrationen zwischen dem Atom a und b sowie zwischen c und d stattfinden, so besitzen in gewissen Phasen die Atome b und c gleichzeitig freie

Valenzen, und die Folgeerscheinung muß die gleiche sein, die eintritt, wenn z. B. bei der Abspaltung von BrH aus der Verbindung

$$R\text{–}\overset{\text{Br H}}{\underset{\text{H H}}{C\text{–}C}}\text{–}R \quad \text{das Übergangsstadium} \quad R\text{–}\overset{\uparrow\ \uparrow}{\underset{\text{H H}}{C\text{–}C}}\text{–}R \quad \text{entsteht.}$$ Wie hier infolge

des Freiwerdens zweier Valenzen die vibrierende Doppelbindung entsteht, so muß auch aus jenem Stadium der konjugierten Doppelbindungen eine dritte Doppelbindung zwischen den mittleren
C-Atomen entstehen. Es ergeben sich dann für die Vibration der
vier Atome nachstehende Phasen (Fig. 10). In dieser symmetrischen

Fig. 10.

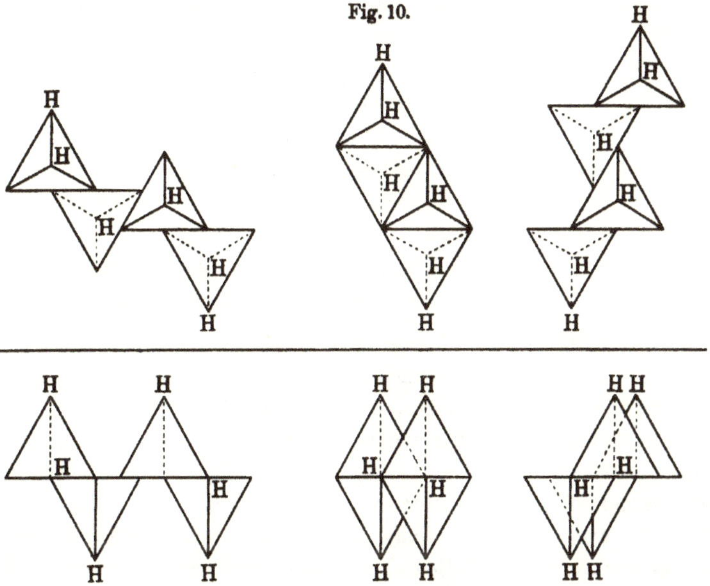

Form werden die Phasen allerdings nur bei gleichartiger geringer
Belastung durch H erscheinen.

Durch die Art der Bewegung der vier C-Atome ergibt sich aber
in allen Fällen eine sehr starke Interferenz der Vibrationen. Wenn im
Hexadien 2,4 eines der mittleren Atome vibriert, so ist damit die
Bewegung der anderen gegeben, und nur ein Viertel der normalen
Vibrationsenergie zweier Doppelbindungen bleibt erhalten.

Man findet für

	Ber.	Gef.	Diff.
2,4-Hexadien	931,6 Kal.	884,7 Kal.	— 46,9

Durch die Zwischenvibration ist das Volumen der bewegten Atome vergrößert, und für die Refraktion muß sich daher ein Mehrwert ergeben:

	Ber.	Gef.	Diff.
2,4-Hexadien	28,56 M	30,38 M	+1,82

Der Mehrwert entspricht sehr annähernd dem einer C=C-Doppelbindung. Die vier Atome führen demnach jedes für sich Vibration im normalen Umfang aus, und da der Energiegehalt geringer, muß die Geschwindigkeit der Bewegung, die Frequenz, stark herabgesetzt sein.

Liegen mehrere konjugierte Doppelbindungen in gleicher Richtung nebeneinander, so treten weitere Zwischenvibrationen hinzu. Die Molekularrefraktion für Hexatrien, $CH_2=CH-CH=CH-CH=CH_2$, berechnet sich auf 27,95, gefunden wurden 30,59, so daß die Exaltation den hohen Wert von 2,64 erreicht.

Die Annahme der Entstehung neuer Zwischenvibrationen wird aber nicht nur durch die Energie und Volumverhältnisse, sondern auch durch die chemischen Beobachtungen scheinbarer Verschiebung der Doppelbindung bestätigt.

Schreibt man, wie es die kinetische Theorie erfordert, das Butadien $CH_2\|CH\|CH\|CH_2$ und seine Derivate in analoger Weise, so erkennt
$\ \ a\ \ \ \ b\ \ \ \ c\ \ \ \ d$
man, daß Addition von H oder Halogenen an verschiedenen Stellen stattfinden kann. Die Bewegungen der C-Atome werden sich, je nachdem endständige oder mittlere, mehr oder weniger belastete C-Atome vibrieren, etwas voneinander unterscheiden. Dabei wird auch die Temperatur eine Rolle spielen. Anlagerungen finden am leichtesten an den rascher vibrierenden Atomen statt, da ihre freien Valenzen am häufigsten exponiert sind. Daher spalten sich auch umgekehrt Atome am leichtesten von den Stellen ab, an die sie sich vorzugsweise anlagern (Michael, Ber. 34, 4215). Wasserstoff lagert sich stets an die bewegten äußeren C-Atome an a und d an, und man erhält aus Butadien das Buten $CH_3-CH=CH-CH_3$, aus der Muconsäure, $CO_2H-CH=CH-CH=CH-CO_2H$, die Dihydromuconsäure $CO_2H-CH_2-CH=CH-CH_2-CO_2H$.

Ebenso sehen wir bei der Reduktion der Piperinsäure,

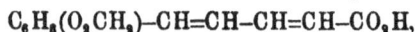

$$C_6H_8(O_2CH_2)-CH=CH-CH=CH-CO_2H,$$

die α-Hydropiperinsäure, $C_6H_8(O_2CH_2)_2-CH_2-CH=CH-CH_2-CO_2H$, entstehen. Dieser Fall ist besonders wichtig, weil er die Annahme nachträglicher Umlagerung ausschließt, denn die Hydrosäure kann nicht durch nachträgliche Vertauschung der Doppelbindungen entstehen, weil sie nicht dem bevorzugten Gleichgewichtszustand entspricht, sondern unter dem Einfluß von Alkalien nach der Bindung allmählich in die isomere β-Hydrosäure übergeht. Die Wasserstoffaddition läßt uns demnach die Zwischenvibration unmittelbar erkennen.

Die mittlere Vibration tritt auch bei dem der Synthese des Kautschuks zugrunde liegenden Zusammenschluß von zwei Molekülen Isopren, $CH_2=CH-C=CH_2$, zum 1,5-Dimethylcyklooktadien in die Erscheinung: $\overset{\mid}{C}H_3$

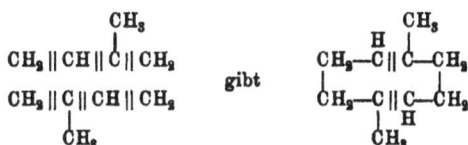

$$CH_3 \| CH \| \overset{CH_3}{\underset{\mid}{C}} \| CH_2 \qquad \text{gibt} \qquad CH_2-\overset{H}{\underset{\mid}{C}} \| \overset{CH_3}{\underset{\mid}{C}}-CH_2$$

$$CH_2 \| C \| CH \| CH_2 \qquad\qquad \overset{\mid}{C}H_2-C \| \overset{\mid}{C}-\overset{\mid}{C}H_2$$

$$\overset{\mid}{C}H_2 \qquad\qquad\qquad \overset{\mid}{C}H_3$$

Wird Brom in der Kälte an Körper mit benachbarten C-Doppelbindungen angelagert, so ist der Verlauf der Addition nicht immer einheitlich. Schwerere Substituenten scheinen durch kleine Bewegungsunterschiede nicht mehr so bestimmt dirigiert zu werden wie der Wasserstoff. Aus Butadien entsteht neben $CBrH_2-CH=CH-CBrH_2$ schon in erheblicher Menge $CH=CH-CBrH-CBrH_2$. Handelt es sich nun gar um Körper, bei denen durch vibrierende Gruppen wie $C=O$ oder Phenyl neue Bewegungsmomente hinzukommen, so werden die Verhältnisse so kompliziert und so abhängig von der Temperatur, daß sich der Verlauf der Addition nicht mehr generell vorhersagen läßt und je nach der Konstitution der Verbindung und den Nebenumständen bald diese, bald jene Bromaddition auftritt. Es können diese Möglichkeiten hier nicht im einzelnen erörtert werden. Das Wesentliche für den vorliegenden Gedankengang war die Feststellung, daß sich das Auftreten scheinbar neuer mittlerer Doppelbindungen aus der kinetischen Formel erklären läßt, ohne daß man Umlagerungen, vorübergehende Additionen an den Carbonylsauerstoff und andere Hypothesen anzunehmen hätte.

———————

Werden die C-Atome der konjugierten Doppelbindung belastet, so wird die Amplitude der Schwingungen verringert, was in den relativ kleineren Exaltationen der Molekularrefraktionen zum Ausdruck kommt.

	Ber.	Gef.	Diff.
Isopren	23,96 M	25,01 M	$+1,05$
Diisopropenyl	28,56 „	29,49 „	$+0,93$
2,4-Dimethylpentadien-2,4	33,15 „	33,94 „	$+0,79$
1-Methyl-4-äthylhexadien-1,3	40,17 „	41,24 „	$+1,07$

W.erden C-Atome zwischen die vibrierenden C≡C-Gruppen ein-
geschoben, so findet in analoger Weise wie bei den C≡O-Gruppen eine
Übertragung der Vibration statt. So beträgt z. B. bei

$$CH_2=CH-CH_2-CH_2-CH=CH_2$$

der Energieverlust trotz der beiden eingeschlossenen C-Atome noch
den Betrag der Vibrationsenergie einer ganzen Doppelbindung, wenn
er auch bedeutend geringer ist als bei 2,4-Hexadien:

	Ber.	Gef.	Diff.
Diallyl	931,6 Kal.	902,3 Kal.	— 29,3

Die gleichen Erscheinungen wie bei Häufung der C=C-Bindungen
zeigen sich bei der Kombination von C=C- mit C=O-Vibrationen.

Auch in diesem Falle zeigt sich der Effekt der Interferenz der
Vibrationen, die Wirkung der benachbarten Stellung der Doppelbindungen und die damit verbundene Entstehung neuer Vibrationen
zwischen den mittleren C-Atomen.

Die Größe des durch gegenseitige Beeinflussung von C=C- und
C=O-Vibrationen verursachten Energieverlustes steht etwa in der Mitte
der Zahlen, die für mehrere C=O- und mehrere C=C-Bindungen unter
sich gefunden wurden. Man findet für

	Ber.	Gef.	Diff.
Mesityloxyd	867,5 Kal.	846,8 Kal.	— 20,7
Crotonaldehyd	557,9 „	542,7 „	— 15,2
Crotonsäure	496,1 „	477,9 „	— 18,2
Angelicasäure	651,4 „	634,8 „	— 16,6
Dimethylacrylsäureester	821,9 „	804,0 „	— 17,9

Die Einschiebung von C-Atomen zwischen die Doppelbindungen
verringert den Energieverlust, ohne die gegenseitige Einwirkung auf-
zuheben, wie sich deutlich aus folgenden Zahlen ergibt:

	Ber.	Gef.	Diff.
Allylaceton	867,5 Kal.	856,5 Kal.	— 11
Äthylallylketon	867,5 „	856,9 „	— 10,6
Allylessigsäure	651,7 „	641,7 „	— 9,7
Allylacetat	666,6 „	656,2 „	— 10,4

Diese Beziehungen werden auch durch die Molekularrefraktionen
bestätigt. Die benachbarten konjugierten Gruppen zeigen wiederum
merkliche Volumvermehrung (Exaltation).

	Ber.	Gef.	Diff.
Mesityloxyd	29,28 M_a	30,23 M_a	+ 0,95
α-Methyl-β-äthylacrolein	29,28 „	30,29 „	+ 1,01
Äthylidenaceton	24,68 „	25,59 „	+ 0,91

Durch stärkere Belastungen werden die Bewegungen und damit die Größe der Molekularrefraktionen verringert.

	Ber.	Gef.	Diff.
Crotonsäureäthylester, $CH_3-CH=CH-C=O$	30,94	31,47	$+0,53$

$$\overset{|}{O}C_2H_5$$

	Ber.	Gef.	Diff.
β,β-Dimethylacrylsäuremethylester, $(CH_3)_2-C=CH-C=O$	30,94	31,47	$+0,53$

$$\overset{|}{O}CH_3$$

Wächst die Belastung noch weiter, so kann schließlich die Mehrbewegung ganz verschwinden, z. B.:

	Ber.	Gef.
Trimethylacrylsäureester, $(CH_3)_2-CH=C\text{---}C=O$	40,13	40,17

$$\overset{|}{C}H_3 \quad \overset{|}{O}C_2H_5$$

Sind die Doppelbindungen nicht benachbart, sondern durch C-Atome getrennt, so tritt eine neue Bewegung nicht ein, die Refraktion gibt dann normale Werte, wie z. B. bei

	Ber.	Gef.
Essigsäureallylester	26,34 M	26,28 M
Allylaceton	29,27 „	29,22 „
Diallylaceton	42,46 „	42,64 „

Einen direkten Beweis für das Vorhandensein einer Zwischenvibration bei benachbartem $C=C$ und $C=O$ haben neuerdings Staudinger und Endle (Ann. **401**, 263) geliefert, welche fanden, daß bei der Einwirkung von Diphenylketon auf Benzalacetophenon neben einem Butadienderivat ein δ-Lakton entsteht, das nur noch die mittlere Doppelbindung enthält.

$$C_6H_5 . \overset{H}{C} \| \overset{H}{C} \| \overset{C_6H_5}{C} \| O \qquad \text{gibt} \qquad C_6H_5 . \overset{H}{C}-\overset{H}{C} \| \overset{C_6H_5}{C}$$
$$+ (C_6H_5)_2 C \| C \| O \qquad\qquad (C_6H_5)_2 . \overset{|}{C}-CO\text{---}O$$

Sind drei und mehr Doppelbindungen, sei es $C=C$ oder $C=O$, im Molekül enthalten, so ist der Energiegehalt abhängig von ihrer Stellung. Bei einfachen geraden Ketten beobachten wir stets Vermehrung des Energieverlustes durch die Interferenz der Vibrationen. Während bei Allylaceton die Differenz 11,0 Kal. beträgt, ist sie bei Diallylaceton 22,2 Kal. Hierfür einige Beispiele:

	Ber.	Gef.	Diff.
Diallylaceton, $(CH_2=CH-CH)_2-C=O$	1302,8 Kal.	1280,6 Kal.	— 22,2
Geraniumsäure, $(CH_3)_2-CH=CH-(CH_2)_2-C=CH-C=O$	1397,5 „	1378,8 „	— 18,5

$$(CH_3)_2-CH=CH-(CH_2)_2-\underset{\underset{CH_3}{|}}{C}=CH-\underset{\underset{OH}{|}}{C}=O$$

	Ber.	Gef.	Diff.
α,β-Hydromuconsäure, $O=C-(CH_2)_2-CH=CH-C=O$	651,3 „	629,4 „	— 21,9
β,γ-Hydromuconsäure, $O=C-CH_2-CH=CH-CH_2-C=O$	651,3 „	629,7 „	— 21,6
Itaconsäure, $O=C-CH_2-C-C=O$	496,1 „	476,4 „	— 19,7
Aconitsäure, $O=C-CH=C-C=O$	496,1 „	476,5 „	— 19,6

Formulae with OH groups:

$O=C-(CH_2)_2-CH=CH-C=O$ with OH ... OH

$O=C-CH_2-CH=CH-CH_2-C=O$ with OH ... OH

Itaconsäure: $O=C-CH_2-C-C=O$ with OH, $\|$ OH, CH_2

Aconitsäure: $O=C-CH=C-C=O$ with OH, $|OH$ OH, CH——$C=O$

Besonderes Interesse bieten von den Verbindungen dieser Gruppe die **Fumar- und Maleinsäure** und ihre Analogen. Man findet für

	Ber.	Gef.	Diff.
Fumarsäure, $O=C-CH=CH-C=O$	340,9 Kal.	320,8 Kal.	— 20,1
Mesaconsäure, $O=C—C=CH-C=O$	496,1 „	477,7 „	— 18,4

Fumarsäure: $O=C-CH=CH-C=O$ with OH ... OH

Mesaconsäure: $O=C—C=CH-C=O$ with $OH |$ ... OH, CH_3

Ändert sich aber, wie bei der Maleinsäure, die Lage der Doppelbindungen zueinander, derart, daß sich die Vibrationen gegenseitig weniger beeinflussen (S. 84), so ist auch der Energieverlust geringer

	Ber.	Gef.	Diff.
Maleinsäure	340,9 Kal.	327,6 Kal.	— 13,3
Citraconsäure	496,1 „	483,7 „	— 12,4

Es wurde bei der Erörterung der Kombination von Doppelbindungen mehrfach die Folge der „Belastung", besonders auch ihre Wirkung auf die Molekularrefraktionen erwähnt. Sobald vibrierende C-Atome mit längeren Ketten, OH-Gruppen oder O-Alkylgruppen verbunden sind, verringert sich der Umfang der Bewegung, die Volumina werden kleiner, die Exaltationen der Molekularrefraktionen gehen zurück. Es ist dies eine selbstverständliche Konsequenz der Bewegungstheorie, und ein nochmaliger Hinweis erschiene kaum erforderlich, wäre nicht diese Tatsache von Auwers und Eisenlohr dahin interpretiert, daß die „Exaltation" eine Funktion des **Molekulargewichtes** der Verbindung sei. Dies ist nur insoweit richtig, als in Körpern mit hohem Molekulargewicht auch die doppelt gebundenen C-Atome oder die bewegungsübertragenden C-Atome belastet sind. Man darf aber nicht so weit gehen und den Begriff der Refraktion ändern, das Molekulargewicht aus der Formel

ausschalten und auf diese Weise eine „spezifische" Refraktion konstruieren. Man nimmt dadurch der Molekularrefraktion ihre wichtige
Bedeutung als Proportionalausdruck des Molekularvolumens.

VI. Nichtaromatische Ringe.

In ringförmigen Gebilden aus einfach gebundenen C-Atomen
erfährt die Richtung der Anziehung stets eine mit wachsender Gliederzahl des Ringes abnehmende Abweichung von der Geraden. Hierdurch
wird die Tendenz zur Einstellung der Gleichrichtung und damit die
Oszillation der einzelnen C-Atome des Ringes um die Verbindungs-
achsen erhöht. Bekanntlich hat Baeyer von einer derartigen Vorstellung, unter Annahme starrer Atomenverbände, ausgehend, seine
„Spannungstheorie" aufgestellt.

Was Baeyer als Steigerung der potentiellen Energie auffaßte, wird
bei Annahme bewegter Atome zu seiner Erhöhung der kinetischen
Energie, die hauptsächlich in einer vermehrten Frequenz der
Schwingungen besteht.

Die bekannte Theorie der „Cis"- und „Trans"-Isomerien der Substitutionsprodukte ringförmiger Kohlenwasserstoffe, wie z. B. der Cyklo-
propandicarbonsäuren, wird durch die Vorstellung der Schwingung der
C-Atome um eine Gleichgewichtslage nicht berührt. Dies ist aus Fig. 11

Fig. 11.

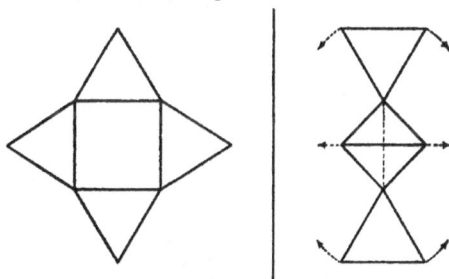

der schematischen Darstellung der Bewegung im Vierring zu erkennen
und bedarf keiner näheren Begründung.

Der stärkeren Bewegung der C-Atome in Ringen entspricht eine
Erhöhung der Verbrennungswärmen. Diese sind neuerdings von
Subow (Centralbl. 1913 I, S. 2026) und von Roth und Oestling
(Ber. 1913, S. 310) bestimmt worden, deren Arbeiten die nachstehend
angeführten Werte entnommen sind.

Für Cyklopropanderivate liegen nur wenige Bestimmungen vor:

	Ber.	Gef.	Diff.
Cyklopropancarbonsäure	465,7 Kal.	488,8 Kal.	+22,6
Cyklopropandicarbonsäure	465,7 „	488,7 „	+18,0
Cyklopropandicarbonsäuredimethylester	800,7 „	827,4 „	+26,7

Der von Thomsen für Cyklopropan gefundene Wert 499,4 Kal. dürfte etwas zu hoch sein. Man kann die Energiezunahme für ein C-Atom im Dreiring mit etwa 7 Kal. annehmen.

Derivate des Cyklobutans geben folgende Zahlen:.

	Ber.	Gef.	Diff.
Cyklobutylcarbinol	782,4 Kal.	754,2 Kal.	+21,8
Cyklobutancarbonsäure	621,0 „	641,0 „	+20,0
Cyklobutancarbonsäureäthylester	948,4 „	964,8 „	+16,4

Man wird danach für jedes C im Vierring eine Energievermehrung von etwa 5 Kal. anzunehmen haben.

Für Cyklopentanderivate findet man:

	Ber.	Gef.	Diff.
Methylcyklopentan	981,5 Kal.	945,7 Kal.	+14,2
1,8-Dimethylcyklopentan	1086,7 „	1099,5 „	+12,8
Trimethylcyklopentan	1242,0 „	1255,7 „	+18,7
Methylpropylcyklopentan	1897,2 „	1412,9 „	+15,7

Im Durchschnitt berechnet sich eine Energiezunahme von 2,4 Kal. für ein C-Atom im Fünfring.

Für Cyklohexan und seine Derivate ergeben sich folgende Werte:

	Ber.	Gef.	Diff.
Cyklohexan	981,5 Kal.	948,4 Kal.	+12,9
Methylcyklohexan	1086,7 „	1100,8 „	+14,1
1,1-Dimethylcyklohexan	1241,9 „	1252,8 „	+10,9
1,2,8-Trimethylcyklohexan	1897,2 „	1407,8 „	+10,1
1,8-Methylpropylcyklohexan	1552,4 „	1563,6 „	+10,7
Cyklohexanol	887,6 „	897,8 „	+ 9,7
Cyklohexancarbonsäure	981,5 „	942,5 „	+11,0

Hieraus berechnet sich der Mehrwert für ein C im Sechsring auf etwa 1,9 Kal.

	Ber.	Gef.	Diff.
Cykloheptan	1086,7 Kal.	1096,3 Kal.	+ 9,6
Methylcykloheptan	1241,9 „	1254,8 „	+12,9
Cykloheptancarbonsäure	1086,7 „	1096,8 „	+ 9,6

Im Siebenring ist die Energievermehrung eines C demnach nur noch etwa 1,5 Kal.

Die Energiezunahmen der C-Atome in Ringen verringern sich demnach regelmäßig mit der Größe des Ringes, wie es die kinetische Theorie verlangt, während auf Grund der starren Formeln Baeyer ein Minimum der Spannung beim Fünfring berechnete.

Auch die Verbrennungswärme zusammengesetzter Ringe zeigt die Energiezunahme. Die Wirkung des Dreiringes zeigt sich bei den Derivaten des Ringes

z. B. in:

	Ber.	Gef.	Diff.
Cyklofenchen	1431 Kal.	1468,8 Kal.	+ 37,7
Cyklen	1431 „	1466,8 „	+ 85,7

während Derivate des Ringes

keine so bedeutende Erhöhung zeigen, z. B.:

	Ber.	Gef.	Diff.
Campher	1397,3 Kal.	1410,7 Kal.	+ 13,4

mithin für jedes der sieben Ringatome 1,9 Kal., wie beim Sechsring.

Die Vermehrung der Schwingungsenergie kann sich sowohl durch vergrößerten Ausschlag der Schwingung, wie durch erhöhte Frequenz äußern. Ersteres scheint teilweise bei dem Drei- und Vier-Ring der Fall, wie sich aus den Exaltationen der Molekularrefraktionen ergibt. Hingegen wächst beim Sechsring nur die Geschwindigkeit der Oszillationen, da das bei der Bewegung eingenommene Volumen normal bleibt.

	Ber.	Gef.
Cyklohexan	27,58 M_α ·	27,59 M_α

Wesentlich ändern sich die Verhältnisse, wenn in Ringen eine doppelte Bindung vorhanden.

Die Ringspannung bewirkt zwar auch hier die stärkere Bewegung der C-Atome, aber sie hat zugleich ein neues Wirkungsobjekt in der Vibration der Doppelbindung. Man macht sich dies am besten an einer einfachen schematischen Zeichnung klar. In Fig. 12 bedeute der Kreis

Fig. 12.

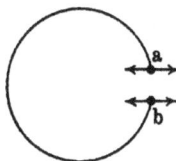

einen Kohlenstoffring und ab zwei vibrierende C-Atome. Es ist sofort
zu erkennen, daß jede Abweichung von ab in der Richtung der Pfeile
eine Spannungsänderung des Ringes zur Folge hat, die sich wieder
auszugleichen strebt. Der Ring hemmt die Bewegung der vibrierenden Atome, die sich verlangsamt, und es resultiert ein Energieverlust, der sich in der Verbrennungswärme zeigt. Statt des für die
Vibration erforderlichen Normalbetrages von 30,4 Kal. wird ein weit
geringerer gefunden. Während Ringe ohne Doppelbindung Energie-
mehrwerte ergeben, zeigt sich bei Einsetzung der theoretischen Werte
in die Berechnung von Ringen mit Doppelbindung ein negativer
Betrag. Es wird dabei selbstverständlich auf die Beweglichkeit des
Ringes ankommen, die von der Ringzahl und der Belastung der C-Atome
abhängt. Man findet die Verbrennungswärme von

	Ber.	Gef. (Subow)	Diff.
Laurolen, ...	1211,6 Kal.	1204 Kal.	— 7,6
Isolaurolen, ...	1211,6 „	1204,6 „	— 7,0
Cyklohexen (Tetrahydrobenzol) . .	901,2 „	892 „	— 9,2
1-Methylcyklohexen-1	1056,4 „	1049,8 „	— 6,6
1,3-Dimethylcyklohexen-3	1211,7 „	1204,6 „	— 7,1
1-Methylcyklohexen-3	1056,4 „	1052,4 „	— 4,0

In manchen Fällen gleicht sich der Mehrwert der Rotationsenergie
der C-Atome des Ringes und der Energieverlust der Vibration aus, so
ergibt z. B.:

	Ber.	Gef.
Menthen	1522,1 Kal.	1522,1 Kal.
Oktohydronaphtalin	1461,4 „	1461,4 „
Cyklohepten.	1056,4 „	1058,7 „

Es versteht sich, daß durch diese Verlangsamung der Vibration die
Volumverhältnisse nicht geändert werden, man findet dementsprechend für

	Ber.	Gef.
Tetrahydrobenzol	26,98 M_a	26,89 M_a
Menthen	45,87 „	45,64 „

Das Zusammenwirken mehrerer Doppelbindungen mit Ring-
systemen kann in verschiedener Weise erfolgen; entweder können im
Ringe selbst mehrere Vibrationsstellen oder auch Doppelbindungen in
substituierenden Seitengruppen vorhanden sein. Je nach dem Bau des
Moleküls begegnen wir hier wieder der Interferenz der Vibrations-

bewegungen, der Erhöhung der Volumina und der Wirkung der benachbarten Stellung von Doppelbindungen.

Der einfachste Fall ist der, daß in einem Ringe die $C=C$-Bindungen parallel stehen. Wie aus der schematischen Zeichnung (Fig. 13) ohne

Fig. 13.

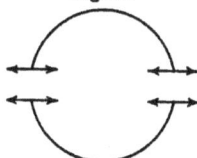

weiteres zu erkennen, wird die Hemmung eine sehr bedeutende und kann bis zur Hälfte der Vibrationsenergie aufgehoben sein. Dementsprechend findet man für die Verbrennungswärme von

	Ber.	Gef. (Subow)	Diff.
$\varDelta^{1,3}$-Dihydrobenzol	870,8 Kal.	840,6 Kal.	— 30,2

Die Differenz ist gleich der Energie einer $C=C$-Vibration (30,4). Die Bewegung ist aber nur verlangsamt, nicht im Umfang verringert und daher die Molekularrefraktion normal.

	Ber.	Gef.
$\varDelta^{1,3}$-Dihydrobenzol	26,37 M_α	26,6 M_α

Treten im Sechsring Doppelbindungen in benachbarte Stellung, so zeigt sich die Erscheinung von Mittelvibrationen wie in geraden Ketten. Man beobachtet eine Volumerhöhung z. B. bei

	Ber.	Gef.	Diff.
Dimethylcyklohexadien, $CH_3 \diagup\ \diagdown CH_3$ . . .	35,57 M	36,64 M	+ 1,07
Terpinen, $CH_3 \diagup\ \diagdown CH(CH_3)_2$	44,76 „	45,79 „	+ 1,03
Phellandren, $(CH_3)_2 CH\diagdown$	44,76 „	46,35 „	+ 1,59

Es ist dabei die verschiedene Wirkung der Belastung durch die Seitenketten zu bemerken. Bei Ringen mit anderer Gliederzahl tritt eine Zwischenvibration nicht auf und sie läßt sich auch nur beim Sechsring konstruieren. In Verbindungen wie

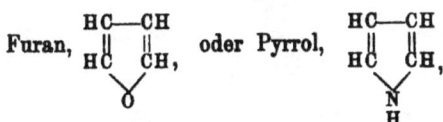

Furan, $\begin{matrix} HC—CH \\ \| \quad \| \\ HC \quad CH \\ \diagdown O \diagup \end{matrix}$, oder Pyrrol, $\begin{matrix} HC—CH \\ \| \quad \| \\ HC \quad CH \\ \diagdown N \diagup \\ H \end{matrix}$,

ist eine derartige Zwischenbewegung durch die Lage der Atome unmöglich gemacht.

Man findet in diesen Fällen statt eines Zuwachses der Molekularrefraktion durch die benachbarte Doppelbindung sogar Minderbeträge:

	Ber.	Gef.	Diff.
Furan	$18{,}82\,M_\alpha$	$18{,}43\,M_\alpha$	$-0{,}39$
Pyrrol	$20{,}81\ \ „$	$20{,}70\ \ „$	$-0{,}11$

die auf eine Verringerung des Umfanges der Bewegungen schließen
lassen. Daß die Bildung mittlerer Vibrationen beim Sechsring tatsächlich zustande kommt, wird auch direkt durch das Verhalten der
$\varDelta^{1,3}$-Dihydroterephtalsäure, $CO_2H\langle\!\!\!\bigcirc\!\!\!\rangle CO_2H$, bewiesen, die durch Anlagerung von Wasserstoff die Säure $CO_2H\langle\!\!\!\bigcirc\!\!\!\rangle CO_2H$ liefert.

Die Interferenz der Doppelbindungen zeigt sich auch, wenn
eine Doppelbindung im Ring, die andere außerhalb vorhanden ist:

		Ber.	Gef.	Diff.
Dimethylmethencyklohexen,	$=CH_2$	$1336{,}5$ Kal.	$1297{,}1$ Kal.	$-39{,}4$
Dimethylisopropencyklohexen,	$=C(CH_3)_2$	$1647{,}1\ \ „$	$1608{,}3\ \ „$	$-38{,}8$
Isobutenylcyklohexen,	$CH=C(CH_3)_2$	$1491{,}8\ \ „$	$1461{,}2\ \ „$	$-30{,}7$
Sylvestren,	$CH_3 \atop C=CH_2$	$1491{,}8\ \ „$	$1464{,}2\ \ „$	$-27{,}6$

Die Atomvolumina bleiben, sobald die C=C-Bindungen nicht
benachbart sind und daher Zwischenvibrationen nicht auftreten, annähernd normal:

	Ber.	Gef.
Limonen	$44{,}76\,M_\alpha$	$45{,}02\,M_\alpha$
Sylvestren	$44{,}76\ \ „$	$45{,}02\ \ „$

Ein analoges, dem früher entwickelten Ergebnis entsprechendes
Zusammenwirken sehen wir zwischen einem Sechsring, der Doppelbindungen enthält, und CO-Gruppen.

		Ber.	Gef.	Diff.
Cyklohexenessigsäure,	$CH_2-C=O \atop OH$	$1056{,}4$ Kal.	$1044{,}6$ Kal.	$-11{,}8$
Cyklohexenpropionsäure,	$CH_3\ OH \atop CH-C=O$	$1211{,}6\ \ „$	$1199{,}4\ \ „$	$-12{,}2$
Cyklohexenessigsäuremethylester		$1226{,}8\ \ „$	$1209{,}8\ \ „$	$-17{,}0$

Sind mehrere Carboxylgruppen vorhanden, so hängt ihre gegenseitige Einwirkung von der Stellung der Doppelbindungen ab. Es ist

dabei zu bemerken, daß die Einwirkung von zwei Carboxylgruppen aufeinander (S. 39) durchschnittlich einen Energieverlust von etwa 10 Kal., und daß die Energieerhöhung im Sechsring (S. 48) etwa 11 Kal. beträgt.

Dann müßte also die Dicarbonsäure des Cyklohexans annähernd normale Werte geben, tatsächlich findet man:

	Ber.	Gef.
Hexahydroterephtalsäure (trans)	931,5 Kal.	929,4 Kal.
„ (cis)	931,5 „	928,5 „
Hexahydroterephtalsäuredimethylester . . .	1272,4 „	1273,6 „

Tritt aber eine Doppelbindung im Kern auf, so wirkt diese mit den C=O-Gruppen zusammen, und es ergibt sich eine Energieverringerung:

	Ber.	Gef.	Diff.
Δ^2-Tetrahydrophtalsäure	901,2 Kal.	881,7 Kal.	— 20,5
Δ^1-Tetrahydrophtalsäure	901,2 „	882,9 „	— 18,3
$\Delta^{1,4}$-Dihydroterephtalsäure.	870,8 „	836,4 „	— 34,4
$\Delta^{1,5}$-Dihydroterephtalsäure.	870,8 „	842,9 „	— 27,9
$\Delta^{2,5}$-Dihydroterephtalsäure.	870,8 „	845,7 „	— 24,1

Es ist interessant zu sehen, wie sich auch hier die Zahl und die verschiedene Stellung der Doppelbindungen geltend macht.

VII. Aromatische Ringe.

Aus den entwickelten Anschauungen ergibt sich eine neue Lösung des Benzolproblems. Es wurde gezeigt, daß aus zwei benachbarten Doppelbindungen eine dritte, mittlere, entsteht. Dies folgt aus der Vorstellung der Vibrationen und wird bestätigt durch die Verbrennungswärme, durch die Molekularrefraktion und durch die chemischen Additionen solcher Verbindungen. Bei drei benachbarten Doppelbindungen entstehen in gleicher Weise zwei neue Mittelvibrationen, eine Tatsache, die wir symbolisch so ausdrücken können: C ‖ C ‖ C ‖ C ‖ C ‖ C.

Denkt man sich nun das erste und letzte C-Atom verbunden, so daß ein Ring entsteht, so wird auch zwischen diesen beiden Atomen eine neue Vibrationsbewegung auftreten, und es ergibt sich so ein harmonisch vibrierender Ring von sechs völlig gleichwertigen C-Atomen. Die Bewegung jedes einzelnen C-Atoms für sich betrachtet, ist die gleiche wie die eines C-Atoms in der normalen C=C-Bindung. Mit der Ringschließung ist jedoch eine Verschiebung der vibrierenden

Atome zueinander verbunden. In Fig. 14 sind die Mittel- und Endphasen einer Vibrationsbewegung des Benzolringes wiedergegeben.

Fig. 14.

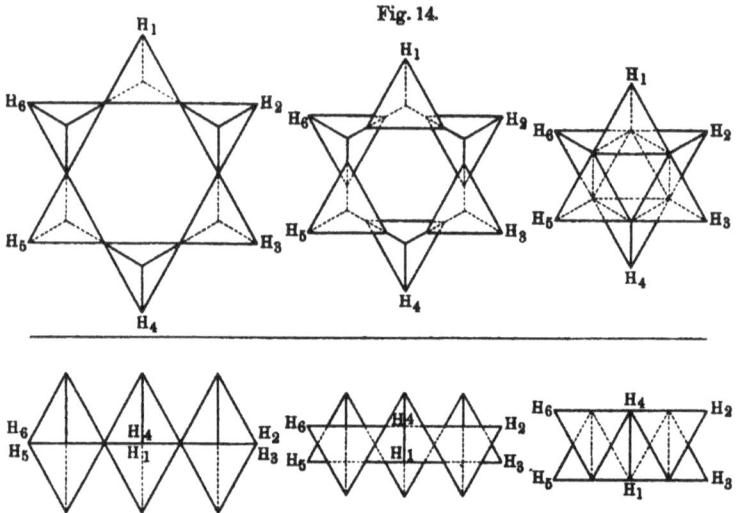

Während die Vibrationsphasen zweier C-Atome in symmetrischen nichtaromatischen Körpern durch Fig. 15A wiedergegeben werden, verläuft

Fig. 15A.   Fig. 15B.

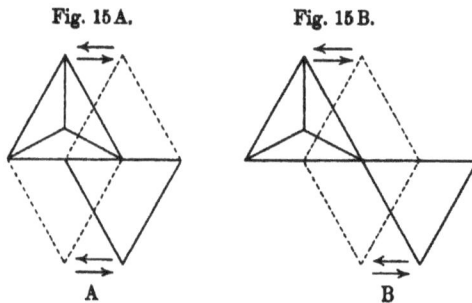

A   B

die Bewegung bei aromatischen Ringen in den Phasen von Fig. 15B.
Diese Verschiedenheit äußert sich in den chemischen Eigenschaften der
Körper. Während der Dauer einer Schwingungsperiode sind in aromatischen Körpern nur in einer Phase je eine freie Valenz jedes C-Atoms
vorhanden, während in aliphatischen Körpern bei jeder Schwingung
zwei Phasen mit freien Valenzen auftreten. Daher kommt es, daß der
Benzolring stabiler und weit weniger additionsfähig ist als andere
„ungesättigte" Verbindungen. Die Bewegungsformel des Benzols zeigt

weiter, daß keine Ringspannung vorhanden ist. Neben den Vibrationen führen die C-Atome Rotationsbewegungen aus, wobei in der Mittelphase die Anziehungskräfte zueinander in gerader Richtung stehen. Dies ist aber nur durch die Sechszahl der C-Atome möglich. In der mittleren Phase der Bewegung liegen die Mittelpunkte der sechs Atome in einer Ebene, in den anderen bewegen sie sich abwechselnd senkrecht zu dieser Ebene gleichmäßig nach zwei Seiten, so daß eine absolute Gleichartigkeit aller sechs Atome in der Bewegung vorhanden ist.

Eine der Endphasen der Bewegung ist schon vor längerer Zeit von Sachse als stereochemische Benzolformel aufgestellt worden. Selbst Brühl, der schon geglaubt hatte, die Kekulésche Benzolformel endgültig bewiesen zu haben, erklärte schließlich die Sachsesche Formel für die wahrscheinlichste. Auch Thiele bezeichnete sie als die beste Raumformel. Doch ist später mit Recht auf ihre Unvollkommenheiten besonders von Graebe hingewiesen worden. Diese rühren daher, daß sie eben auch nur eine Phase der Bewegung darstellt, und die Einwände werden hinfällig, sobald die kinetische Auffassung hinzutritt.

Es wird erforderlich sein, für die aromatische Vibration eine abgeänderte Schreibweise einzuführen, und ich schlage vor, „aromatische" einseitige Vibrationen (die nicht auf den Benzolring beschränkt sind) durch C⚹C auszudrücken, jedoch den Benzolkern statt

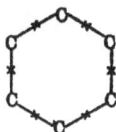

der Einfachheit halber

zu schreiben, wie dies schon jetzt bisweilen geschieht.

Die kinetische Benzolformel steht im Einklang mit der Verbrennungswärme und der Molekularrefraktion. Die Energie, die erforderlich ist, um die Vibration der C-Atome des Benzolringes zu bewerkstelligen, ergibt sich aus folgender Betrachtung. Sobald zwei von den sechs C-Atomen vibrieren, hat dies die Bewegung des ganzen Systems unmittelbar zur Folge. Das Minimum an Energie, das die sechs Vibrationsverhältnisse in Bewegung hält, ist mithin der Energiegehalt einer Vibration, d. h. 30,4 Kal. Es berechnet sich danach theoretisch die Verbrennungswärme des Benzols

$$567 + 182,3 + 30,4 = 779,7.$$

Die zuverlässigsten der gefundenen Werte sind: 778,8 (Stohmann, Journ. f. prakt. Chem. 1889); 780,8 (Roth, Landolt-Börnstein 1912).

Eine wichtige Folgerung dieses Ergebnisses ist, daß jedes einzelne C-Atom im Benzol nur $1/3$ der Vibrationsenergie eines normalen doppelt gebundenen C-Atoms besitzt und daß, da der Weg der gleiche, die Geschwindigkeit seiner Bewegung entsprechend vermindert ist.

Vollkommene Übereinstimmung zwischen Theorie und Experiment findet sich auch bei den Verbrennungswärmen der Homologen des Benzols.

	Ber.	Gef.
Toluol	934,9 Kal.	933,5 Kal.
o- und m-Xylol	1090,1 „	1091,4 „
p-Xylol	1090,1 „	1087,7 „
n-Propylbenzol	1245,4 „	1248,3 „
Cymol	1400,6 „	1402,8 „
Hexamethylbenzol	1711,1 „	1711,0 „

Ebenso bei Körpern mit mehreren nicht direkt verbundenen Benzolringen, wie

	Ber.	Gef.
Diphenylmethan	1653,8 Kal.	1654,9 Kal.
Dibenzyl	1709 „	1710,4 „
Triphenylmethan	2372,7 „	2379,4 „

Ist die kinetische Benzolformel richtig, so muß die dem Gesamtvolumen in der Bewegung proportionale Molekularrefraktion sich aus der von sechs doppelt gebundenen C-Atomen und von sechs H-Atomen zusammensetzen. Dies würde ergeben $19,218 + 6,552 = 25,770$. Gefunden wurde 25,96.

Ist auch diese Übereinstimmung eine gute und die Differenz in der Fehlergrenze liegend, so zeigt doch die Berechnung substituierter Benzolderivate, besonders der Homologen, daß stets ein mit der Zahl der Substituenten steigender und von ihrer Stellung zueinander abhängiger Mehrwert der gefundenen Refraktion vorhanden ist. Es ergibt sich für:

	Ber.	Gef.	Diff.
Toluol	30,37 M_α	30,80 M_α	+ 0,43
Äthylbenzol	34,96 „	35,37 „	+ 0,41
i-Propylbenzol	39,58 „	40,00 „	+ 0,52
i-Butylbenzol	44,16 „	44,40 „	+ 0,44
o-Xylol	34,96 „	35,48 „	+ 0,52
m-Xylol	34,96 „	35,63 „	+ 0,67
p-Xylol	34,96 „	35,69 „	+ 0,73
Pseudocumol	39,56 „	40,21 „	+ 0,65
Mesitylen	39,56 „	40,40 „	+ 0,84

Aus der Ungleichheit dieser Zahlen geht hervor, daß nicht der Benzolkern allein den Mehrwert der Refraktionen verursacht, sondern daß dieser von den Substituenten abhängt. Berücksichtigt man, daß auch das Benzol selbst einen kleineren Mehrwert zeigt, so kommt man zu dem Schluß, daß die H-Atome und ebenso ihre Substituenten im Benzolkern, durch die Art der Vibration der C-Atome beeinflußt, einen größeren Weg zurücklegen, und daß hierdurch die Exaltationen zu erklären sind. Auf dieser Änderung der Bewegung beruht zugleich der Unterschied zwischen dem chemischen Verhalten der H-Atome des Benzols und gesättigter aliphatischer Kohlenwasserstoffe.

Die kinetische Benzolformel führt zu einer Lösung des Problems der Konstitution komplizierterer, aus Benzolringen aufgebauter Kohlenwasserstoffe.

Es sei zunächst bemerkt, daß die symmetrische Benzolbewegung nur bei .einem Gebilde aus sechs C-Atomen denkbar ist, und eine aromatische Vibration bei einem Kohlenwasserstoff, wie dem Cyklooktotetraen Willstädters,

ausgeschlossen ist. Ein solcher Kohlenwasserstoff kann keine Benzoleigenschaften zeigen.

Das einfachste „Polybenzol“ ist das Biphenyl,

in dem zwei aromatisch vibrierende C-Atome miteinander verbunden sind. Diese Vereinigung muß nach den entwickelten Vorstellungen zu einer Interferenz der Bewegung und einer Hemmung führen. Da für die Vibrationsenergie der sechs C-Atome des Benzolkernes 30,4 Kal. gefunden wurden, so beträgt für ein C-Atom der Energieanteil 5,07 Kal. Wird der Energiebetrag eines C durch die gemeinsame Bewegung der Atome a und b ausgeglichen, so ergibt die Verbrennungswärme für

	Ber.	Gef.
Biphenyl	1498,1 − 5,07 = 1493,0 Kal.	1493,6 Kal.

Analog liegen die Verhältnisse beim Naphtalin, dessen Vibrationsbewegung sich aus Fig. 16 (Mittelphase) ergibt. Danach ist das Naphtalin

Fig. 16.

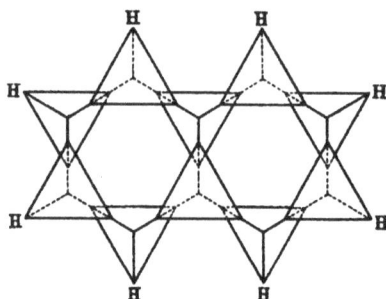

ein vollkommen symmetrisches Gebilde, dessen beide Kerne keine Unterschiede zeigen. Es ist dies eine Forderung der Erfahrung, und alle Formeln, die aus zwei verschiedenen Kernen bestehen, sind nicht richtig. Schon allein die Tatsache, daß nur je eine Modifikation aller α- und β-Substitutionsprodukte existiert, ist ein vollkommener Beweis dafür. Aber auch andere Beweise, wie die Identität der aus 2,6-Naphtylendiamin hergestellten gemischten Disazofarbstoffe bei wechselnder Reihenfolge der Kombination, die Bildung und das Verhalten des Amphinaphtochinons und viele andere Beobachtungen müssen jeden Zweifel an der symmetrischen Konstitution des Naphtalins zerstreuen.

Bei der Berechnung des Energiegehaltes des Naphtalins ist folgendes zu berücksichtigen. Er besteht aus zehn aromatisch vibrierenden C-Atomen, von denen jedes die Vibrationsenergie von 5,07 Kal. wie im Benzol besitzt. Die Verbindung der zwei Benzolkerne führt zu einer Interferenz, die einen Energieverlust wie bei Biphenyl zur Folge hat. Es berechnet sich daher für Naphtalin $1188 + 50{,}7 - 5{,}07 = 1233{,}6$ Kal. Gefunden wurden **1234,6** (Fischer und Wrede).

Die Verbrennungswärme von Naphtalinderivaten, in dieser Weise berechnet, ergibt:

	Ber.	Gef.
α-Naphtol	1189,6 Kal.	1188,2 Kal.
β-Naphtol	1189,6 „	1189,9 „

und ebenso bei Substanzen mit mehreren Naphtalingruppen:

	Ber.	Gef.
Dioxydinaphtylmethan	2473,8 Kal.	2476,7 Kal.
Naphtolformal.	2498,6 „	2501,8 „

Das bei der Bewegung der Naphtalin-C-Atome beanspruchte Volumen ist das normale der Benzol-C-Atome. Doch gilt dies nur im Durchschnitt, denn aus mechanischen Gründen ist anzunehmen, daß die Bewegung der beiden Benzolkerne auf die relativ ruhende Mittelachse gerichtet ist. Es werden daher acht C-Atome größere Wege zurücklegen als im Benzol und auch die α- und β-C-Atome sich untereinander in der Größe der Bewegung unterscheiden. Hieraus folgt, daß auch die H-Atome und ihre Substituenten noch stärker bewegt sind als im Benzol. Dementsprechend ist eine erhöhte Molekularrefraktion zu erwarten, man findet:

	Ber.	Gef.	Diff.
Naphtalin	40,77 M_a	43,97 M_a	+3,20
Dimethylnaphtalin	49,96 „	53,23 „	+3,27
α-Naphtol	42,29 „	45,73 „	+3,34
α-Naphtolmethyläther	47,02 „	50,27 „	+3,25

Die Vibrationen der C-Atome des Anthracens ergeben sich aus Fig. 17 (Mittelphase). Anthracen besteht demnach aus drei Benzol-

Fig. 17.

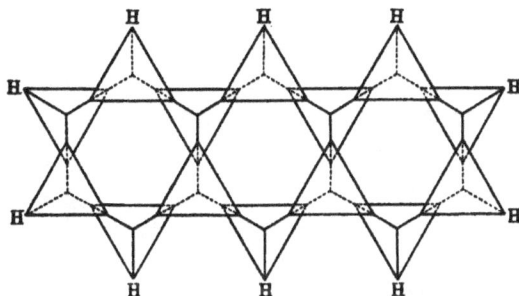

ringen, und der durch kein Experiment begründete als Notbehelf erfundene mittlere Brückenstrich ist nicht mehr erforderlich. Dies symmetrische Bild steht in viel besserem Einklang mit dem Verhalten des Anthracens als die bisher übliche Formel, da die beiden Meso-C-Atome nun als normal aromatisch gebunden erscheinen.

Das Anthracen erscheint dann als eine Kombination von zwei Benzolringen, verbunden durch zwei aromatisch bewegte C-Atome, die eine Sonderstellung einnehmen.

Da die beiden Benzolkerne rechts und links nicht unmittelbar miteinander verbunden sind, wie im Biphenyl, so findet eine Interferenz ihrer Bewegungen nicht statt. Die Verbrennungswärme entspricht der

Summe von 14 aromatischen C-Atomen und berechnet sich auf 1626,7
+ 71 = 1697. Gefunden wurden 1699 (Weigert, Journ. f. phys. Chem.
1908).

In analoger Weise sind die komplizierten Polybenzole aufgebaut,
z. B. das Phenanthren,

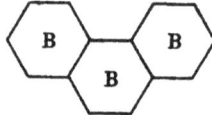

Seine Verbrennungswärme müßte, da eine Biphenylbindung vorhanden,
um 5,07 geringer als die des Anthracens, mithin = 1692,4 sein.
Gefunden wurde 1692,8. Auch für das Pyren,

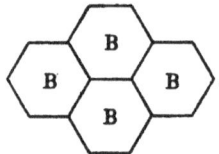

ergibt sich jetzt eine befriedigende Formel, in der alle C-Atome
gleichartig aromatisch bewegt sind, während bisher die Formulierung
durch Aufbau aus Benzolkernen auch mit Zuhilfenahme von Quer-
strichen nicht gelang (Bamberger, Ber. XX, 370).

————————

Dem Benzol- und Naphtalinkern analog haben wir uns auch den
Pyridin- bzw. Chinolinkern zu denken, in dem an Stelle eines aromatisch vibrierenden C-Atoms ein aromatisch bewegtes N-Atom mit
seinen drei Hauptvalenzen tritt.

Er wäre demnach abgekürzt zu schreiben:

Pyridin   Chinolin

Weitere Verbindungen mit aromatisch bewegtem Stickstoff sind die
dem Anthracen analog gebauten Körper:

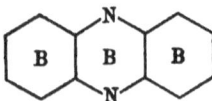   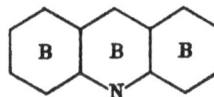

Phenazin   Acridin

Wie vom C-Atom durch die aromatische Bewegung drei Valenzen in Anspruch genommen sind und nur eine durch andere Substituenten besetzbare Valenz bleibt, sind die drei Hauptvalenzen des N völlig beansprucht und es bleiben nur die beiden Nebenvalenzen dauernd frei.

Wir haben bei der Besprechung des Naphtalins stillschweigend die Naphtole mit herangezogen, doch bedarf es noch einer genaueren Betrachtung des Effektes der Monosubstitution. Sobald im Substituenten keine Vibration vorhanden ist, hat ihre Einführung die analogen Wirkungen wie in den nichtaromatischen Körpern. Das dem Grade nach verschiedene Verhalten der Phenole gegenüber den Alkoholen ist eine Folge der aromatischen Vibration, die zu veränderter Bewegung der OH-Gruppe und damit der H-Atome führt. Denn das mit vibrierenden C-Atomen verbundene OH — gleichviel übrigens, ob diese Vibration von einer aliphatischen C=C-Bindung oder vom Benzolkern herrührt — muß auf die Bewegung der H-Atome ihren Einfluß ausüben. Das H-Atom wird bewegter und leichter austauschbar. Daher das ähnliche Verhalten des H in gewissen Enolen (Natriumacetessigester usw.) und den Phenolen. Diese Mehrbewegung zeigt sich in der Molekularrefraktion:

	Ber.	Gef.	Diff.
Phenol	$27,29\,M_a$	$27,72\,M_a$	$+0,43$
Anisol	$32,01\ "$	$32,74\ "$	$+0,73$

Auf den Energiegehalt hat selbstverständlich die auf Superposition beruhende stärkere Bewegung von OH keinen Einfluß.

Die berechneten und die gefundenen Verbrennungswärmen stimmen überein, und zwar für Phenole wie für Phenoläther:

	Ber.	Gef.
Phenol	735,8 Kal.	734,6 Kal.
Carvacrol	1356,8 „	1355,8 „
Thymol	1356,8 „	1354,7 „
Anisol	903,4 „	905,1 „
Phenetol	1058,6 „	1057,9 „
m-Kresyläther	1058,6 „	1058,0 „
Phenylpropyläther	1213,8 „	1214,3 „
p-Kresyläthyläther	1213,8 „	1214,0 „
m-Xylenylmethyläther	1213,8 „	1214,6 „

Ist die Hydroxylgruppe im Seitenkern, so ergeben sich gleichfalls, wie vorauszusehen, normale Werte:

	Ber.	Gef.
Benzylalkohol	891,0 Kal.	891,4 Kal.
Diphenylcarbinol	1609,9 „	1613,4 „

In den aromatischen Aminen ist ein bedeutender Einfluß des Benzolkernes auf die Bewegung des Stickstoffs zu erkennen. Wie bei den aliphatischen Aminen gezeigt wurde, erhöht eine in das Ammoniak eintretende Alkylgruppe die Rotationsenergie des N um einen wechselnden Betrag, der sich mit der Vergrößerung der Alkylketten verringert und bei hoher Belastung z. B. beim Hexylamin verschwindet. Auch die Phenylgruppe hat diesen starken Belastungseffekt. Der N zeigte den Energiegehalt, den er im Ammoniak und im Stickstoffmolekül besitzt.

Dementsprechend kommt N bei der Verbrennungswärme primärer aromatischer Amine nicht zur Geltung. Man findet, indem man nur die Verbrennungswerte der aromatischen und aliphatischen C-Atome und der H-Atome addiert, für

	Ber.	Gef.
Anilin	810,0 Kal.	810,6 Kal.
o-Toluidin	965,2 „	964,5 „
m-Toluidin	965,2 „	965,4 „
p-Toluidin	965,2 „	958,6 „
α-Naphtylamin	1269,0 „	1269,5 „
β-Naphtylamin	1269,0 „	1267,2 „

Die gleiche Erscheinung zeigen primäre Diamine, wie z. B.:

	Ber.	Gef.
p-Phenylendiamin	840,4 Kal.	848,9 Kal.
Benzidin	1559,3 „	1560,8 „

Daß es sich tatsächlich um eine Wirkung der Belastung des N handelt, beweist das Benzylamin, das ebenfalls einen normalen Wert liefert:

	Ber.	Gef.
Benzylamin	965,2 Kal.	968,3 Kal.

Tritt in sekundären aromatischen Aminen ein weiterer Substituent in das NH_2-Molekül, so muß sich die Bewegung des N verändern, da seine Rotationsachse verschoben wird. Es ist, wie beim Übergang von primären zu sekundären aliphatischen Aminen, ein höherer Energieaufwand erforderlich, der z. B. bei Dimethylamin 6 Kal. betrug (S. 35). Man findet für

	Ber.	Gef.	Diff.
Monomethylanilin	965,2 Kal.	973,8 Kal.	+ 8,6
Monoäthylanilin	1120,4 „	1126,5 „	+ 6,1
Diphenylamin	1528,9 „	1536,8 „	+ 7,9

In tertiären aromatischen Aminen ist die Bewegung des Stickstoffs übereinstimmend mit der in tertiären aliphatischen Aminen. Es war dargelegt worden, daß bei diesen durch die Belastung der drei Hauptvalenzen des N eine Rotation um die Achse der Nebenvalenzrichtung entsteht und daß z. B. im Trimethylamin die Energie der Bewegung des N dabei um 23,7 gegenüber der in NH_3 zunimmt. Diese Energievermehrung findet man denn auch für

	Ber.	Gef.	Diff.
Dimethylanilin	1120,4 Kal.	1142,5 Kal.	+ 22,1
Diäthylanilin	1430,8 „	1451,2 „	+ 20,4
Triphenylamin	2247,8 „	2268,3 „	+ 20,5

Während diese Erscheinung auf Rotationsveränderungen des N beruht, hat gleichzeitig die direkte Vereinigung des N mit dem Benzolkern bei allen seinen Derivaten eine Vergrößerung des bei der Bewegung eingenommenen Volumens zur Folge. Auf dieser Mitbewegung beruht die größere Aktivität und besonders der erhöhten Beweglichkeit der H-Atome aromatischer Amine, und in dieser Bewegung liegt die Ursache des verschiedenen chemischen Verhaltens der aromatischen gegenüber den aliphatischen Aminen.

Die Vergrößerung des Volumens und damit das Wachsen der Refraktionswerte geht am besten aus dem Vergleich der Zahlen für die isomeren Basen Benzylamin und Toluidin hervor. Das Benzylamin ist ein aliphatisches Amin mit normaler Molekularrefraktion. Berücksichtigt man die für den Toluolkern gefundenen Refraktionswerte (S. 56), so ergibt sich für

	Ber.	Gef.	Diff.
Benzylamin	34,20 M_α	34,15 M_α	— 0,05

Hingegen zeigen die Toluidine erhebliche Mehrwerte:

	Ber.	Gef.	Diff.
Ortho	34,20 M_α	34,94 M_α	+ 0,74
Meta	34,20 „	35,00 „	+ 0,80
Para	34,20 „	35,62 „	+ 1,42

Die erhöhte Bewegung der aromatischen Aminogruppe zeigt sich in gleicher Weise bei Berechnung folgender Körper, wobei jedesmal der Refraktionswert der betreffenden Kerne berücksichtigt ist:

	Ber.	Gef.	Diff.
Anilin	29,37 M_α	30,29 M_α	+ 0,92
m-Xylidin	39,03 „	39,71 „	+ 0,68
Methylanilin	34,19 „	35,24 „	+ 1,03
Äthylanilin	38,79 „	40,05 „	+ 1,26
Dimethylanilin	38,96 „	40,40 „	+ 1,44
Diäthylanilin	48,16 „	49,79 „	+ 1,57
Dimethyl-o-toluidin	43,79 „	44,32 „	+ 0,63
Dimethyl-p-toluidin	43,79 „	45,30 „	+ 1,51

Man erkennt zugleich aus diesen Zahlen die relative Vergrößerung des Volumens bei vermehrter Substitution der Aminogruppe. Von Interesse ist ferner besonders auch der große Unterschied zwischen dem tertiären Ortho-Toluidin und den anderen tertiären Basen, der vollkommen der auffallenden chemischen Trägheit dieses Körpers entspricht, der sich fast wie ein aliphatisches Amin verhält (Ber. 25, 1610).

Werden Substituenten, die Doppelbindungen enthalten, mit dem Benzolkern verbunden, so treten häufig Interferenzerscheinungen zwischen aromatischen Vibrationen und der Vibration dieser Doppelbindung auf. Was zunächst die Seitenketten mit C=O-Gruppen betrifft, so ist das Zusammenwirken bei Aldehyden und Ketonen zwar an der Volumvermehrung, nicht aber am Energiegehalt zu erkennen, woraus zu schließen, daß die Schwingungen sich superponieren, ohne sich gegenseitig zu stören. Die Verbrennungswärmen zeigen normale Werte, z. B.:

	Ber.	Gef.
Benzaldehyd	840,4 Kal.	842,1 Kal.
Salicylaldehyd	796,6 „	796,7 „
p-Oxybenzaldehyd	796,6 „	798,4 „
Vanillin	920,3 „	914,7 „
Acetophenon	995,7 „	995,4 „
Benzophenon	1559,3 „	1554,6 „
Benzoin	1670,7 „	1672,0 „

Doch zeigt sich schon eine deutliche Interferenz der Benzolbewegung mit der Vibration des C in der Carboxylgruppe, wenn diese direkt mit dem Kern verbunden ist. Man findet für

	Ber.	Gef.	Diff.
Benzoesäure	779,6 Kal.	771,4 Kal.	— 8,2
o-Toluylsäure	934,8 „	929,2 „	— 5,6
m-Toluylsäure	934,8 „	928,9 „	— 5,9
p-Toluylsäure	934,8 „	927,2 „	— 7,2
Salicylsäure	735,8 „	728,5 „	— 7,3
m-Oxybenzoesäure	735,8 „	726,8 „	— 9,0
p-Oxybenzoesäure	735,8 „	726,1 „	— 9,7
p-Methoxybenzoesäure	903,4 „	985,2 „	— 8,2
1,6,2-Oxytoluylsäure	891,0 „	888,5 „	— 7,5
1,2,5-Oxytoluylsäure	891,0 „	880,1 „	— 10,9
Cuminsäure	1245,3 „	1238,1 „	— 7,2

Die Energieverminderung ist eine konstante Erscheinung und zeigt sich auch bei den Estern:

	Ber.	Gef.	Diff.
Benzoesäuremethylester	950,1 Kal.	944,4 Kal.	— 5,7
Benzoesäureäthylester	1105,3 „	1099,8 „	— 6,5
Salicylsäuremethylester	906,2 „	899,2 „	— 7,0
Salicylsäureäthylester	1061,4 „	1052,3 „	— 9,1
p-Oxybenzoesäuremethylester	906,2 „	896,0 „	— 10,2

Ist die Carboxylgruppe nicht direkt mit dem Benzolkern verbunden, sondern durch Zwischenglieder getrennt, so verringert sich oder verschwindet, wie zu erwarten, die Einwirkung z. B. bei

	Ber.	Gef.
Phenylessigsäure	934,8 Kal.	931,2 Kal.
Diphenylessigsäure	1658,8 „	1651,9 „
Phenoxylessigsäure, $(C_6H_5-O-CH_2-CO_2H)$	891,0 „	890,9 „

Auch bei aromatischen Säuren bestätigt sich die in der aliphatischen Reihe, z. B. bei Mesoxalsäure, Weinsäure (S. 39) gemachte Erfahrung, daß ein mit OH belastetes C-Atom nicht mehr imstande ist, die Vibration zu übertragen. Man findet keinen Energieverlust bei

	Ber.	Gef.
Mandelsäure	891 Kal.	890,9 Kal.

Unabhängig von dem Zusammenarbeiten der Kräfte ist die relative Größe der Bewegung bei Substitutionen mit vibrierenden Seitenketten. Alle C=O - Gruppen zeigen in Verbindung mit aromatischen Kernen deutliche Raumvergrößerung gegenüber der C=O - Gruppe in aliphatischen Verbindungen, wie aus den Molekularrefraktionen hervorgeht:

	Ber.	Gef.	Diff.
Benzaldehyd	30,48 M	31,54 M	+ 1,06
Acetophenon	35,00 „	36,18 „	+ 0,95
Benzoesäuremethylester	36,58 „	37,49 „	+ 0,91
Benzoesäureäthylester	41,18 „	42,18 „	+ 1,00

Da die Vibrationen der C=C-Gruppe der Benzolbewegung näher stehen als die Vibrationen der C=O - Gruppe, ergibt sich eine relativ stärkere Interferenzwirkung bei Gegenwart von C=C im Substituenten. Der Typus derartiger Verbindungen ist das Styrol, dessen physikalische Konstanten zugleich mit denen seiner Derivate von Auwers, Roth und Eisenlohr bestimmt wurden (Annal. 385, 102). Die Energieverluste sind erheblich:

	Ber.	Gef.	Diff.
Styrol	1059,8 Kal.	1046,1 Kal.	— 13,7
Methylstyrol	1215,0 „	1203,1 „	— 11,9
Dimethylstyrol	1370,2 „	1352,8 „	— 17,4
Stilben	1778,7 „	1765,0 „	— 13,7

Die Interferenz wird durch Zwischenschiebung von C-Atomen verringert, z. B.

	Ber.	Gef.	Diff.
Phenylbuten, $C_6H_5-CH_2-CH=CH-CH_3$	1370,3 Kal.	1361,4 Kal.	— 8,9

Daß auch bei der Styrolreihe Zwischenbewegungen auftreten, welche das beanspruchte Volumen vermehren, zeigen die Refraktionszahlen:

	Ber.	Gef.	Diff.
Styrol	34,36 M_α	85,99 M_α	+1,63
α-Methylstyrol	38,957 „	40,12 „	+1,16
β-Methylstyrol	38,957 „	40,67 „	+1,71
α,β-Dimethylstyrol	43,55 „	44,82 „	+1,27
β,β-Dimethylstyrol	43,55 „	44,82 „	+1,27

Ist in der Seitenkette gleichzeitig die C=C- und C=O-Bindung vorhanden, wie in der Zimtsäuregruppe, so steigert sich das Zusammenwirken der Vibrationen, und wir beobachten daher einen größeren Energieverlust, wie nachfolgender Vergleich zeigt. Die empirischen Werte sind zum Teil der Arbeit von Roth und Stoermer (Ber. 46, 260) entnommen.

	Ber.	Gef.	Diff.
Zimtsäure	1059,8 Kal.	1041,4 Kal.	—18,4
Zimtsäuremethylester	1231,7 „	1213,3 „	—18,4
Isophenylcrotonsäure, C_6H_5-CH=CH-CH$_2$-CO$_2$H	1215,0	1195,7 „	—19,3
Benzallävulinsäure, C_6H_5-CH=C-CH$_2$-CO$_2$H	1433,3 „	1413,9 „	—19,4

$$\underset{OCH_8}{\quad}$$

Daß es tatsächlich die Vibrationsbewegung des Benzol-C-Atoms ist, die hier zur Wirkung kommt, geht daraus hervor, daß auch die Fumarsäure und Mesaconsäure (S. 46), bei denen an Stelle des Benzol-C-Atoms die vibrierende C=O-Gruppe steht, den gleichen Energieverlust von — 20,1 bzw. — 18,4 Kal. zeigen.

Die beiden C-Atome der C=C-Gruppe in der Zimtsäurereihe bewegen sich demnach nur noch mit einem Energiegehalt der Vibration von je $\dfrac{30,4 - 19}{2} = 5,7$ Kal., der dem der C-Atome des Benzols sehr annähernd gleichkommt. Sie haben sich demnach der Benzolbewegung angepaßt.

Eine Substitution in Orthostellung vibrierender Seitenkette behindert die Interferenz der Bewegungen, so daß der Energieverlust sich verringert:

	Ber.	Gef.	Diff.
Methylcumarsäure	1171,2 Kal.	1162,4 Kal.	—8,8
Äthylcumarsäure	1326,4 „	1317,9 „	—8,5
Propylcumarsäure	1481,6 „	1472,0 „	—9,6

Wie bei Besprechung der Alloisomerie noch näher zu erörtern sein wird, beruhen die Unterschiede auf einer verschiedenen Anordnung der C-Atome und interferieren die Vibrationen der in gerader

Richtung zusammenliegenden C-Atome der fumaroiden Form stärker, als die der maleinoiden Form. Daher ist bei den Allosäuren der Energieverlust geringer.

	Ber.	Gef.	Diff.
Allozimtsäure	1059,8 Kal.	1048,1 Kal.	—11,7
Methylcumarinsäure	1171,2 „	1168,6 „	— 2,6
Äthylcumarinsäure	1326,4 „	1324,5 „	— 2,0
Propylcumarinsäure	1481,6 „	1477,9 „	— 3,7

Vergleicht man diese Zahlen mit denen der isomeren Formen, so erkennt man, daß die Unterschiede zwischen der Zimtsäure und der Cumarsäuregruppe parallel sind. Auch die Molekularrefraktionen zeigen deutlich die auf Entstehung von Zwischenvibrationen beruhende starke Erhöhung der Bewegung und ihre Verringerung bei Veränderung der Richtung der Vibrationen zueinander.

	Ber.	Gef.	Diff.
Zimtsäuremethylester	46,10 M	48,76 M	+2,66
Zimtsäureäthylester	50,70 „	53,65 „	+2,95
Methylzimtsäureäthylester	55,30 „	57,86 „	+2,56
Allozimtsäureäthylester	50,70 „	52,61 „	+1,91

Es sind empirische Regeln dafür aufgestellt worden, an welche Stelle eines bereits substituierten Benzolkernes neu hinzutretende Substituenten dirigiert werden, die sogenannten Orientierungsregeln der Benzolsubstitution. Über die Ursache dieser orientierenden Einflüsse sind die Meinungen geteilt.

Die Theorien von Flürscheim, Obermiller und Holleman suchen zwar dem Problem mit scharfsinnigen Hypothesen näher zu kommen. Da sie aber den Benzolkern unbewegt annahmen, konnten sie nicht zu einem befriedigenden Ergebnis gelangen.

Mit Hilfe der kinetischen Formeln lassen sich die Substitutionsregeln in einfacher Weise erklären.

Tritt an Stelle eines Benzolwasserstoffs ein Substituent, wie CH_3, Cl, OH, NH_2, so wird das betreffende C-Atom stärker belastet und weniger beweglich. Selbstverständlich darf man sich dieses Festhalten nicht lediglich als einen Effekt der Maße vorstellen, sondern muß zugleich die Wirkung der Rotation der substituierenden Atome berücksichtigen. Das Zentrum der ganzen Benzolbewegung wird dadurch in Richtung auf dieses C-Atom verschoben. Denken wir uns den Extremfall, daß in Fig. 14 ein C-Atom stillstehe und nur die anderen vibrieren, so ist in bezug auf die Ebene des Ringes die Bewegung des Para-C-Atoms 4 die stärkste. Zugleich bewegt es sich aber auch senkrecht zur Ebene des Ringes doppelt so weit als im

5*

Normalfalle; das gleiche gilt von den Ortho-C-Atomen 2 und 6, auch diese machen die verdoppelte Bewegung senkrecht zur Ringebene mit, doch bewegen sie sich weniger in der Richtung der Ringebene als das Para-C-Atom. Nur die Meta-C-Atome 3 und 5 bleiben in der Ebene, verringern also ihre Bewegung. Da nun den C-Atomen die mit ihnen verbundenen H-Atome folgen und jede Entfernung aus der Ringebene in einer von der Valenzanziehung stark abweichenden Richtung erfolgt, so werden die H-Atome 4, 2, 6 am stärksten gelockert. Neu eintretende Substituenten treten daher hauptsächlich in Para- und Orthostellung, wobei die parallel zur Ringebene am stärksten bewegte Parastellung, namentlich wenn noch höhere Temperatur die Schwingungen verstärkt, die begünstigste ist.

Anders aber ist der Einfluß der Monosubstitution auf die Benzolbewegung, wenn der Substituent selbst unabhängig vibriert und dadurch die Bewegung des mit ihm verbundenen C-Atoms erhöht. Dann ergibt sich gerade das umgekehrte Verhältnis. Bewegt sich das C-Atom 1 stärker, so muß sich mit ihm die Ebene der drei Atome $C_1 C_3 C_5$ stärker verschieben und die Ebene der drei Atome $C_2 C_4 C_6$ relativ stillstehen. Jetzt sind daher auch die mit C_3 und C_5 verbundenen H-Atome am meisten bewegt und am leichtesten austauschbar. Substituenten mit selbständigen, nichtaromatischen Vibrationen, wie die Keton-, Aldehyd-, Carboxyl-, Cyan-, Nitro-, Sulfogruppe, dirigieren daher neue Substituenten in die Metastellung. Daß auch die beiden Gruppen NO_2 und SO_2 vibrierende Bewegung ausführen und übertragen, ergibt sich aus der Gegenwart doppelt gebundenen Sauerstoffs in denselben.

Je nach der Bewegungsenergie und dem Belastungseffekt eines vibrierenden Substituenten und je nach der Temperatur kann der Wegunterschied zwischen der Verschiebung der Meta-Atome senkrecht zur Ringebene und der Verschiebung des Para-Atoms parallel zur Ringebene wechseln, und beide Wege können auch nahezu gleich werden, so daß dann Meta- und Para-(bzw. Ortho-)Verbindungen zugleich entstehen können. So wirkt z. B. die NH_2-Gruppe stark belastend. Cl, Br, SO_3H substituieren Anilin in Parastellung. Doch kann die NH_2-Gruppe bis zu gewissem Grade indirekt bewegend wirken, wenn sie mit Mineralsäuren verbunden ist, die vibrierende Gruppen enthalten. Man erhält beim Nitrieren von Anilin bei Gegenwart konzentrierter Schwefelsäure Para- und m-Nitranilin. Wird aber die Bewegung des N herabgesetzt, wie dies (siehe S. 36) durch Acetylierung geschieht, so hat der N nur noch eine belastende hemmende Wirkung und Acetanilid wird daher nahezu ausschließlich in Parastellung nitriert.

Neben der bewegenden Kraft macht sich bei der Carboxylgruppe zugleich die Belastung geltend, daher bildet sich bei der Nitrierung der Benzoesäure stets etwas ortho neben meta. Die graduelle Wirkung der Belastung erkennt man deutlich an der Tatsache, daß die Menge der o-Verbindung bei Benzoesäure 18,5 Proz., bei ihrem Methylester 21 Proz., dem Äthylester 28,3 Proz. beträgt (Holleman, Die direkte Einführung von Substituenten in den Benzolkern 1910, S. 199).

Eine weitere Bestätigung dieser Anschauungen liefert die Phenylessigsäure, bei der die C=O-Gruppe nicht direkt mit dem Benzol C verbunden und daher nicht imstande ist, dieses Atom zu bewegen (S. 65). Ihre Substitutionen finden daher nur in p und o statt.

Ist ein Benzol-C-Atom mit einer aromatisch vibrierenden Gruppe verbunden, so kann eine Einwirkung in bezug auf seine Bewegung senkrecht zur Ringebene nicht stattfinden. Eine solche Gruppe wirkt dann nur belastend, und die Substitution erfolgt daher in Para und Ortho. In diese Gruppe von Substituenten gehört z. B. die Seitenkette der Zimtsäuregruppe (S. 66).

Aus dieser Vorstellung ergeben sich die Regeln für die weitere Substitution von Diderivaten von selbst. Es ist im 1,2-Xylol oder 1,2-Dichlorbenzol das Gleichgewicht zwischen den beiden Gruppen $C_1 C_2 C_5$ und $C_2 C_4 C_6$ wieder hergestellt, da beide gleichartig belastet sind, und die neuen Substituenten treten daher ebenso leicht nach 4 wie nach 3. Hingegen muß bei 1,2-Toluylsäure oder 1,2-Chlorbenzoesäure die Substitution in 4 und 6 stattfinden.

Es versteht sich, daß durch die gleichzeitige Anwesenheit heterogener Substituenten im Benzol verwickelte Bewegungen hervorgerufen werden können, worauf die Lockerung einzelner Substituenten, z. B. des Chlors, im 2,4-Dinitrochlorbenzol beruht. Wie sich in komplizierten Fällen, etwa beim 2,4-Dinitro-5-chlorphenylmalonsäureester, die Gesamtbewegung gestaltet, und wie das Cl sich verhalten wird, ist auf Grund unserer heutigen Kenntnisse nicht vorauszusagen, wenn auch eine starke Bewegung anzunehmen ist. Aus dem speziellen Verhalten solcher Körper allgemeine Schlüsse auf die Bindungen im Benzol zu ziehen, wie dies Borsche und Bahr getan haben (Annal. 402, 81), scheint mir nicht zulässig.

Die hier entwickelte kinetische Substitutionstheorie erhält eine weitere wesentliche Stütze durch die Farbenerscheinungen. Es wird dies näher im Abschnitt XI ausgeführt werden. Besonders sei auf die

Funktionen auxochromer Gruppen und die Wirkung der Substitution, z. B.
bei Indigo (S. 101), hingewiesen.

Es ist ferner eine Folgerung der Theorie, daß die auf starker
intramolekularer Bewegung beruhenden explosiven Eigenschaften durch
den Einfluß von belastenden Substituenten erhöht werden. So erklärt
es sich, daß o,p,o-Trinitrophenolsalze viel explosiver sind als Trinitro-
phenol, oder daß o,p,o-Trinitrotoluol ein wesentlich besserer Sprengstoff
ist als Trinitrobenzol.

Die hier dargelegten Grundzüge einer Erklärung der Substitutions-
erscheinungen setzen voraus, daß Substitutionen in der Weise statt-
finden, daß zuerst eine Bindung, z. B. zwischen C und H vorüber-
gehend aufgehoben ist und die freie Valenz dann von einer anderen
Gruppe eingenommen wird. Es ist dies eine Konsequenz der kinetischen
Theorie, die zu der Vorstellung der durch Bewegung gelockerten
Bindungen und damit zur Annahme vorübergehend freier Valenzen
führt. Manche Chemiker bestreiten die Möglichkeit der Existenz freier
Valenzen und suchen alle Reaktionen mit Anlagerungen zu erklären.
Die außer den Valenzspitzen vorhandenen Anziehungskräfte der übrigen
Atomfläche werden insofern zur Reaktion beitragen, als sie zwei Mole-
küle einandern nähern. Aber das Zustandekommen einer Reaktion
hängt davon ab, ob in beiden Molekülen vorübergehend freie Valenzen
durch Lockerung stark bewegter Atome oder Gruppen auftreten. Es
werden sich dann die verschiedenen Spaltungsstücke zu denjenigen
Verbindungen vereinigen, die bei der Reaktionstemperatur am beständigsten sind.

Erhitzt man Benzol, so werden die H-Atome gelockert, und bei
einer gewissen Temperatur existiert C_6H_5 und H nebeneinander mit freien
Valenzen. Beim Zusammentreffen derselben entsteht dann Biphenyl,
und H_2 entweicht. Aber die hohe Temperatur ist keine notwendige
Bedingung dieser Erscheinung. Wir beobachten den gleichen Vorgang
auch bei der Verwandlung der Salze des Hydrazobenzols, z. B. der Chlor-
hydrate in die Salze des Benzidins und Diphenylins[1]). In

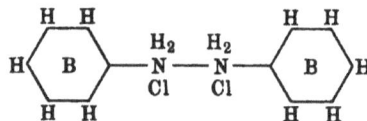

---

[1]) Die übliche Angabe, Hydrazobenzol selbst lagere sich um, ist nicht korrekt.

sind die Para- und Ortho-H-Atome schon bei gewöhnlicher Temperatur so gelockert, daß sie sich mit den Cl-Atomen verbinden. In dem Augenblick aber, in dem das Cl weggenommen ist, verschwindet auch die Kraft der vierten Valenz des N, der Körper muß in die Stücke

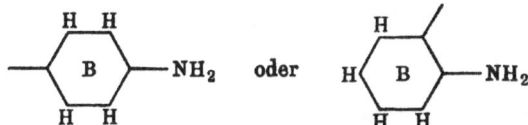

zerfallen, aus denen dann Benzidin und Diphenylin entsteht. Ist eine Parastellung zu N besetzt, so zerfällt das Hydrazosalz — soweit nicht Ortho-H-Atome in Aktion treten — in zwei ungleiche Teile, in

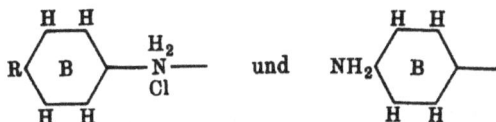

Es entstehen dann neben Biphenylderivaten auch Aminodiphenylaminderivate (sogenannte Semidinumlagerung). Es ist nach dieser Auffassung ferner selbstverständlich, daß die Umwandlung der N-Chloracylanilide in o- und p-Chloracetanilide eine monomolekulare Reaktion ist, bei der gelockerter o- und p-Wasserstoff zum Freiwerden von Valenzen Veranlassung geben, die sich dann zu dem bei der Reaktionstemperatur stabilen Körper zusammensetzen. In analoger Weise lassen sich zahlreiche Umlagerungen erklären. Wenn man sich vergegenwärtigt, daß das unschmelzbare Pulver des wasserfreien Natriumnaphtionat

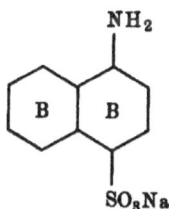

sich nach kurzem Erhitzen quantitativ in das Salz

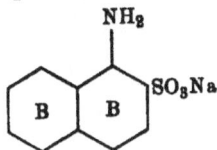

verwandelt hat, wird man an der Beweglichkeit von Atomgruppen mit
freien Valenzen nicht mehr zweifeln. Ein Lösungsmittel ist dabei nicht
vorhanden und Wasserabspaltung findet nicht statt, vorübergehende
Anlagerungsprodukte sind nie beobachtet worden und nur die Tatsache bleibt übrig, daß –H und –SO₃Na die Plätze tauschen.

Eine Reihe andersartiger Umlagerungen, bei denen die Vibrationen
von Doppelbindungen zu Veränderungen Veranlassung geben, werden
an anderer Stelle noch erörtert werden. Die dargelegten Grundzüge
einer Theorie der Reaktionen und Substitutionen gelten selbstverständlich nicht nur für Benzolderivate, sondern für alle organischen Körper.
Sie sind nur gerade in diesem Abschnitt behandelt worden, weil das
Verhalten der aromatischen Körper die Verhältnisse am klarsten
erkennen läßt.

VIII. Chinonkörper.

Die einseitige „aromatische" Vibration ist nicht auf die dem
Benzolkern angehörenden C-Atome beschränkt, sondern kann sich auch
auf solche O-, C- und N-Atome übertragen, die direkt mit einem
Benzol-C-Atom verbunden sind.

Zur Klasse der Körper mit solchen aromatisch vibrierenden Substituenten gehören in erster Linie die Chinone. Der Chinonsauerstoff
führt für sich eine Vibration wie in C=O aus und seine beiden Valenzen
werden wie in der Carboxylbindung alterierend gesättigt. Der Unterschied besteht darin, daß, wie auf S. 54 gezeigt wurde, die Vibrationsphasen der beiden beteiligten Atome verschoben sind. Die Bewegungen
im Chinon werden durch folgendes Vibrationsschema wiedergegeben
(Fig. 18).

Fig. 18.

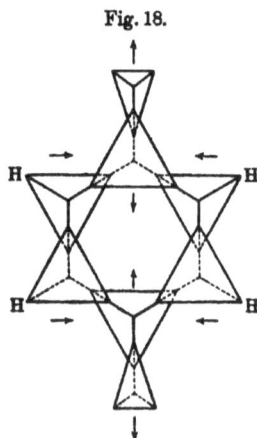

Es ist hier die Mittelphase dargestellt. Unter Zuhilfenahme von Fig. 14 lassen sich die Endphasen ohne weiteres konstruieren. In der Phase I sind beide Valenzen des Sauerstoffs gebunden, in der Phase III eine Valenz gebunden, die andere völlig frei.

Aus dieser Formel folgt zunächst, daß das Chinon ein Derivat des normalen Benzols ist und nicht eines Cyklo-Hexadiens, wie es die Fittigsche Formel

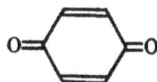

ausdrückt. Die abgekürzte Schreibweise für Chinon wäre:

Mit der Diketonformel mußte man gleichzeitig annehmen, daß sich der Benzolkern bei der Chinonbildung wesentlich verändere und daß bei der Reduktion zu Hydrochinon, die sich bekanntlich mit den schwächsten Mitteln in der Kälte vollzieht, wieder alle Bindungen umgelagert werden. Diese wenig wahrscheinliche Hypothese ist nicht mehr erforderlich. Die kinetische Chinonformel bringt die Tatsache zum Ausdruck, daß die O-Atome anders gebunden sind als in der Carbonylgruppe. Die eine Valenz des O ist viel exponierter, und dies ist die Ursache ihrer erhöhten Aktivität und leichten Reduzierbarkeit.

Durch die Verbindung mit einem aromatisch vibrierenden Atom wird der Benzolkohlenstoff in seiner Bewegung gehemmt. Die Folge davon ist nach den auf S. 67 dargelegten Gründen, daß die Para- und Ortho-Wasserstoffatome gelockert werden und dadurch wiederum leichter mit dem aktiven Chinonsauerstoff in Verbindung treten. Solange mithin die verstärkt bewegten H-Atome vorhanden sind, kann die Existenz eines Chinonsauerstoffs nur eine vorübergehende sein, so daß es zur Bildung eines beständigen Monochinons nicht kommen kann. Diese Verhältnisse lassen sich bei den Naphtolen gut beobachten, die mit Eisenchlorid zunächst stark gefärbte Eisenverbindungen, vermutlich der Monochinone liefern, deren O sich dann sofort mit einem gelockerten H des Ringes verbindet, so daß eine Valenz im Kern frei wird. Es verbinden sich dann je zwei der Reste und es entstehen quantitativ Dinaphtole. Der Vorgang ist mithin folgender: $C_{10}H_7.OH$ oxydiert zu $C_{10}H_7$—O, gibt $-C_{10}H_6.OH$ und dann $(C_{10}H_6OH)_2$.

Danach ist klar, daß Chinonkörper nur unter der Voraussetzung bestehen können, daß das Molekül keine durch Substitution stark gelockerte H-Atome besitzt. Dies ist aber dann der Fall (wie S. 69 gezeigt wurde), wenn bei jeder der beiden Gruppen $C_1 C_2 C_3$ und $C_2 C_4 C_5$ die gleiche Hemmung vorhanden ist. Besonders beständig müssen daher Chinonkörper mit zwei Chinonsauerstoffen sein, die zueinander in Para- oder Orthostellung stehen. Dabei wird die Paraverbindung weit beständiger sein müssen als die Orthoverbindung, denn in letzterer sind noch Para-Wasserstoffatome vorhanden, die sich stärker bewegen als die Ortho-Wasserstoffe. Es versteht sich danach, daß, wenn in o-Chinon alle H-Atome durch Cl oder Br ersetzt werden, man das beständige Tetrachlor- und Tetrabrom-o-chinon erhält, während o-Benzochinon selbst sehr unbeständig ist. Auch das p-Chinon wird durch Halogensubstitution erheblich beständiger (Chloranil). Ähnlich wie Halogene wirken OH, CH_3 und andere Substitutionen. Aus den gleichen Ursachen erklärt sich die Beständigkeit des Naphtochinons, dessen Chinonkern nur noch zwei H-Atome enthält, die beide normal bewegt sind.

Am beständigsten aber muß das Anthrachinon

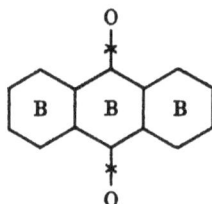

sein, da alle Stellen des mittleren Benzolkernes substituiert sind.

Nunmehr wird auch verständlich, daß von Metachinonen bisher nur das Tribromresochinon erhalten werden konnte, bei dem alle p- und o-Stellungen durch Br besetzt sind. Seine Formel ist analog der des p-Chinons und die absonderlichen Querstriche, mit deren Hilfe man eine Meta-Diketonformel zu konstruieren versucht hat (Ber. 41, 2441), sind nicht mehr erforderlich.

Das chemische Verhalten der Chinone steht in vollkommenem Einklang mit der kinetischen Formel. Eine weitere Stütze findet diese in dem Verhalten der Chinole. Diese farblosen neutralen Körper, wie z. B. das Toluchinol

sind keine Analoga des Chinons, als welche sie bei dessen üblicher Schreibweise erscheinen, sondern sind von diesem chemisch und physikalisch völlig verschieden. Die Chinole sind vermutlich Derivate des Cyklo-Hexadiens und die ihnen zugeschriebene Formel wäre demnach zutreffend. Sie enthalten dann aber keinen Chinonsauerstoff, sondern Carbonylsauerstoff und sind Analoge des Pyrons

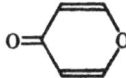

Durch Behandlung mit konzentrierter Schwefelsäure und anderen Mitteln lassen sich die Chinole in Benzolderivate überführen. Es entstehen dann unter sehr energischer Atombewegung, bei der meist H-Atome und andere Gruppen die Plätze vertauschen, Derivate des Hydrochinons und Resorcins, eine Reaktion, die von dem Übergang von Chinon in Hydrochinon durchaus verschieden ist.

Die Gegenwart eines normalen Benzolkernes in den Chinonen wird durch die Verbrennungswärmen bestätigt. Da der Chinonsauerstoff an sich wie Carbonylsauerstoff vibriert, ist er als solcher in Rechnung zu stellen. Unter Zugrundelegung der Verbrennungswärme eines normalen Benzolringes ergibt sich dann für

	Ber.	Gef.
Chinon	651,5 Kal.	654,8 Kal.
Toluchinon	806,7 „	805,3 „
Thymochinon	1272,5 „	1271,3 „
α-Naphtochinon	1105,8 „	1103,8 „
β-Naphtochinon	1105,8 „	1110,4 „

In gleicher Weise wie Sauerstoff kann auch Stickstoff aromatische Vibrationen in Verbindung mit Benzolkohlenstoffatomen ausführen. Körper mit derart bewegten N sind die Chinonimine. Sie sind noch unbeständiger als die Chinone. Die Formeln für die Parakörper sind

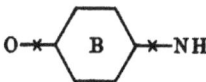

Chinonimin   Chinondiimin

Orthochinonimine sind bisher nicht erhalten worden, und es ist wahrscheinlich, das dies überhaupt aus dem Grunde nicht gelingen wird, weil schon bei niedriger Temperatur der bewegliche Para-Wasserstoff sofort an die freie N-Valenz gebunden würde. Derivate der p-Chinonimine, die etwas beständiger sind, wenn auch noch leicht zersetzlich, sind die Indophenole und die Indamine.

Die sogenannten o- und p-„chinoiden" Bindungen der N-haltigen Farbstoffe werden in dem Abschnitt über Farbenerscheinungen zu besprechen sein.

Aromatisch bewegter Kohlenstoff außerhalb des Benzolkernes findet sich in den Methylenchinonen, sehr zersetzlichen Körpern, die sich von den Kernen:

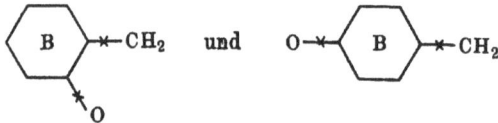

ableiten. Infolge der energischen Bewegung sind diese Körper noch unbeständiger als die Chinone und nur dann isolierbar, wenn die labil gewordenen Wasserstoffe des Benzolkernes oder der —×—CH₂-Gruppe ganz oder größtenteils ersetzt sind, wie z. B. im o-Isodurylenchinon:

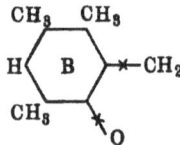

Es versteht sich, daß auch durch Substitution der —×—CH₂-Gruppe die Zahl der bewegten H-Atome verringert und dadurch die Stabilität erhöht wird. Daher die Beständigkeit des Hexabrom-p-äthylidenchinons:

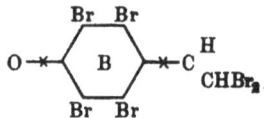

„Aromatischer" Kohlenstoff außerhalb des Benzolkernes findet sich ferner im Triphenylmethyl und seinen Derivaten.
Dieser Körper ist zu schreiben:

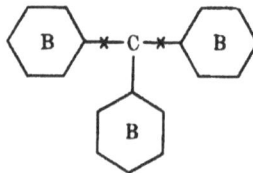

Das Triphenylmethyl hat keinen dreiwertigen Kohlenstoff, sondern ist ein normales Gebilde, dessen Existenz auf Grund der kinetischen Vorstellungen nichts Auffallendes hat. Analog konstituiert sind die Metallketyle (Schlenk und Thal, Ber. 46, 2840), denen die kinetische Formel

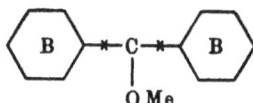

zukommt.

In diese Gruppe von Körpern gehört ferner das Tetraphenyl-chinodimethan (das Tetraphenyl-p-xylylen von Thiele und Balhorn, Ber. 37, 1465)

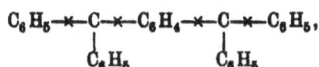

$$C_6H_5 \text{--}\!\!*\!\!\text{--} C \text{--}\!\!*\!\!\text{--} C_6H_4 \text{--}\!\!*\!\!\text{--} C \text{--}\!\!*\!\!\text{--} C_6H_5,$$
$$\underset{C_6H_5}{|} \qquad\qquad \underset{C_6H_5}{|}$$

in dem zwei Chinonkohlenstoffatome in Parastellung mit einem Benzolkern verbunden sind.

Die Verbrennungswärme des Triphenylmethyls berechnet sich auf Grund der kinetischen Formel aus der Summe dreier Benzolkerne, eines C-Atoms und der zweifachen Energievermehrung eines vibrierenden C-Atoms (30,4) zu 2372,7. Gefunden wurden 2378,9.

Wäre das mittlere C-Atom nur einfach gebunden, so hätte dieser Wert weit niedriger ausfallen und gleich sein müssen der Verbrennungswärme des Triphenylmethan, abzüglich des Verbrennungswertes für ein H. Die für Triphenylmethan gefundenen Werte 2379,8 (Stohmann) und 2386,4 (Schmidlin), abzüglich 30,4 Kal. für ein H, ergeben aber nur 2341,8 und 2356,4 Kal.

IX. Desmotropie.

Die einseitig verschobene C-Doppelbindung, die sich von der normalen durch die in Fig. 15 B dargestellte Art der Vibration unterscheidet, findet sich nun nicht nur im Benzol oder damit verbundenen Atomen, sondern kann auch dann auftreten, wenn eines der C-Atome der normalen aliphatischen C=C-Gruppe relativ stark belastet ist. Eine besonders wirksame Belastung bildet auch hier die OH- und O-Alkyl-gruppe. Ist daher eine dieser Gruppen einseitig an die C=C-Gruppe gebunden, so bewegt sich das belastete C-Atom relativ weniger, und die Vibration verschiebt sich und wird zu einer einseitigen.

Die Folge davon muß, wie bei dem chinoiden Sauerstoff, Stickstoff oder Kohlenstoff, eine sehr gesteigerte Reaktions- und Additions-fähigkeit sein, da die vorübergehend freien Valenzen mehr exponiert sind. Die „aktive Doppelbindung“, die Kurt Meyer und Lenhardt bei der Gruppe C=COH annehmen (Ann. 398, 71), ist nichts anderes, als eine einseitig vibrierende Doppelbindung, und ihr „enorm gesteigertes Additionsvermögen" (l. c., S. 67) ist darauf zurückzuführen.

Ist dies richtig, dann müssen auch für die Beständigkeit solcher Verbindungen die gleichen Gesichtspunkte gelten, die für die Beurteilung der Beständigkeit der Chinone maßgebend waren. Wie dort die bewegten p- und o-H-Atome des Benzols an die exponierten intermittierend freien Valenzen der Chinonatome hingezogen wurden und daher z. B. nur substituierte Methylenchinone existenzfähig erscheinen, so muß auch hier das stark bewegte H-Atom der Hydroxylgruppe zu den gleichen Wirkungen führen. Nur solange dieses durch Alkylgruppen ersetzt ist, wie im Äthylvinyläther,

$$OC_2H_5$$
$$CH=CH_2 ,$$

oder im Äthylisopropenyläther,

$$CH_3-C=CH_2$$
$$O-C_2H_5 ,$$

sind diese Körper beständig. Bei der Verseifung aber fesselt die freie Valenz a in der Reaktionsphase A (Fig. 19 A) das bewegliche H-Atom

Fig. 19.

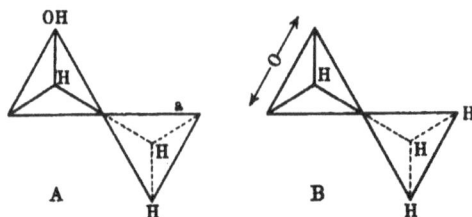

der Hydroxylgruppe, und es entsteht (Fig. 19 B) Acetaldehyd. In analoger Weise verwandelt sich Äthylisoprenyläther in Aceton,

$$CH_3-C-CH_3$$
$$O$$

Man bezeichnet diesen Vorgang bekanntlich als „Enol"-„Keto"-Umlagerung. Die Enolform ist bei den erwähnten einfachen Körpern unbeständig. Sie wird aber existenzfähig, sobald das nicht mit OH belastete C-Atom mit einer vibrierenden Gruppe, z. B. C=O, verbunden ist. Es bildet sich dann aus früher dargelegten Gründen eine

Zwischenvibration. Die exponierte Valenz an dem unbelasteten bewegten C-Atom der einseitigen Vibration, die, intermittierend frei werdend, H zu binden und die Ketoform zu erzeugen bestrebt ist, wird nun zeitweilig auch durch die Zwischenvibration in Anspruch genommen, und nur in gewissen Phasen behält sie die ursprünglichen Funktionen. Das typische Beispiel einer derartig gebauten Verbindung ist der Acetessigäther, dessen Hydroxyl- oder „Enol"form in einer Phase der Vibration in Fig. 20 wiedergegeben. I und II sind ein-

Fig. 20.

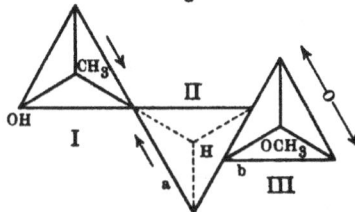

seitig vibrierende C-Atome, von denen I mit OH belastet ist. Es ist der Moment gewählt, in dem sie am meisten exponiert sind. Die C-Atome III und II vibrieren zusammen infolge der Bewegung von III durch das vibrierende O-Atom. Die Phasen beider Bewegungen hängen ab von der Belastung der Atome, der Temperatur, dem Lösungsmittel, der Konzentration usw. Je öfter die Valenz b mit der Valenz a zusammentrifft, um so mehr wird diese in Anspruch genommen, um so geringer wird die Wahrscheinlichkeit, daß eine Umlagerung im Sinne von Fig. 19 stattfindet, d. h. daß die Enolform in die Ketoform übergeht, und um so höher wird der Gehalt an „Enol" bleiben.

Die Konstitution der Ketoform ist folgende:

Fig. 21.

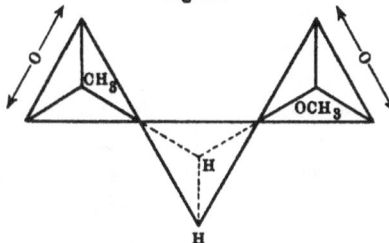

Ihre Entstehung aus Fig. 20 ist mit Hilfe von Fig. 19 ohne weiteres verständlich. Sie ist ähnlich gebaut wie Malonsäureester,

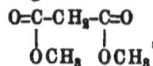

$$O=C-CH_2-C=O$$
$$\overset{|}{O}CH_3 \quad \overset{|}{O}CH_3'$$

und das H des mittleren C-Atoms ist ebenso beweglich wie in diesem. Es erscheint daher auch die Existenz eines Natriumacetessigesters von der Formel

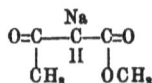

$$O=C\underset{\underset{CH_3}{|}}{\overset{\overset{Na}{|}}{-}}C\underset{\underset{OCH_3}{|}}{\overset{II}{-}}C=O$$

als Analogon des Natriummalonsäureesters sehr wohl möglich. Da andererseits der Wasserstoff, der mit einem aromatisch vibrierenden C-Atom verbundenen OH-Gruppe stark bewegt ist und Phenoleigenschaften besitzt, existiert auch eine Natriumverbindung der Enolform mit der Formel

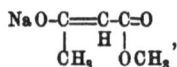

$$Na\,O-C\underset{\underset{CH_3}{|}}{=}C\underset{\underset{OCH_3}{|}}{\overset{H}{-}}C=O,$$

die mitunter den Hauptbestandteil des Natriumacetessigesters bildet. Daß aber Ketoform darin in wechselnden Mengen enthalten, darf man aus der Tatsache schließen, daß z. B. bei der Einwirkung von Chlorkohlensäureester auf Natriumacetessigester auch Acetylmalonsäureester,

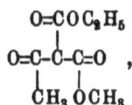

$$O=C\underset{\underset{CH_3}{|}}{\overset{\overset{O=CO\,C_2H_5}{|}}{-}}C\underset{\underset{OCH_3}{|}}{-}C=O,$$

entsteht, und daß unter den Umständen, die auch der Bildung des Natriummalonesters günstig sind, z. B. bei Einwirkung von Natriummetall in ätherischer Lösung auf Acetessigester, eine Verbindung erhalten wird, die mit Acetylchlorid Diacetessigester liefert (Claisen, Annal. 272, 171).

Ergibt sich aus diesen Tatsachen die große Beweglichkeit des Wasserstoffs am mittleren C-Atom, so läßt sich weiter folgern, daß er sich unter geeigneten Umständen mit einer freien Valenz des vibrierenden O vereinigen kann, mit dem er in der Enolform verbunden war. Es wird sich daher stets ein Gleichgewichtszustand zwischen Enol- und Ketoform bilden, der von den oben erwähnten Einflüssen auf die Vibrationsphasen und ihre Koinzidenz abhängig ist.

Besonders deutlich zeigt sich dies bei der verschiedenen Belastung des C-Atoms III (Fig. 20). Das Vibrationsverhältnis zwischen II und III ist ein ungleiches, da II mit I verbunden einen größeren Komplex bildet, als III mit O verbunden. Daher wird der Mittelpunkt der Vibration derart verschoben, daß die Valenz a weniger beansprucht und daher die Ketoform bevorzugt ist. Je mehr man aber das C-Atom III belastet, um so mehr nähert sich die Zwischenvibration II—III einer normalen, und da hierbei a häufiger beansprucht wird, ist die Wahrscheinlichkeit der Ketonbildung geringer. Schon zwischen $-OCH_3$ und $-OC_2H_5$ zeigt sich ein deutlicher Unterschied. Der Acetessigsäuremethylester enthält unter normalen Verhältnissen 4 Proz., der Äthylester 7,4 Proz. Enol. Ersetzt man aber die Oxalkylgruppe durch Phenyl, wie z. B. im Benzoylaceton,

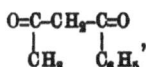

$$O=C-CH_2-C=O$$
$$\quad\ \ CH_3 \quad\ C_6H_5,$$

so ist die Enolform sehr beständig und der Ketogehalt sinkt auf 2 Proz.

Die Zeit der Umlagerung ist proportional der Wahrscheinlichkeit des Eintrittes der geschilderten Schwingungskoinzidenz. Es kann daher die Umlagerung, besonders bei niederer Temperatur, sehr lange Zeit in Anspruch nehmen.

Der Enol-Ketoumlagerung analog ist die Umlagerung der labilen Laktimform in die stabile Laktamform:

$$\begin{array}{ll} HO-C=N- & O=C-NH- \\ \text{Laktim} & \text{Laktam} \end{array}$$

Wie die Chinonimine sich als sehr unbeständig gezeigt haben, so gibt auch hier der einseitig vibrierende N der Laktime ungemein leicht Anlaß zu Verschiebungen, indem er das bewegliche H der OH-Gruppe an sich zieht. Die Umwandlung ist schwerer zu verfolgen als die Enol-Ketoumlagerungen. Die außerordentliche Wichtigkeit der Laktim-Laktamumlagerungen gründet sich auf ihre Bedeutung in der biologischen Chemie. Vor allen Dingen beruht der Übergang des lebenden Eiweißes in totes (denaturiertes) Eiweiß auf dieser Molekularveränderung. In den löslichen Proteinen sind die Aminosäuren wie folgt zusammengefügt:

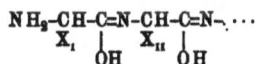

$$NH_2-CH-C=N-CH-C=N-,\cdots$$
$$\qquad X_I \ \underset{OH}{|} \quad X_{II} \ \underset{OH}{|}$$

(X$_I$ und X$_{II}$ bedeuten hier beliebige Seitenketten). Mit der Zeit, unter dem Einfluß von Wärme und anderen Faktoren, tritt die Umwandlung in die unlösliche Form

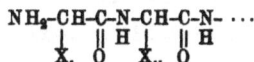

$$NH_2-CH-C-N-CH-C-N-\cdots$$
$$\qquad X_I \ \underset{O}{\overset{|}{\|}}{}^{H} \ X_{II} \ \underset{O}{\overset{|}{\|}}{}^{H}$$

ein. E. Fischer würde seine wunderbaren Arbeiten über Proteine krönen, wenn es ihm gelänge, die Laktimformen der Polypeptide herzustellen.

Daß die künstlich hergestellten Polypeptide die CO—NH-Bindung enthalten, folgt aus dem Energiegehalt des in ihnen enthaltenen Stickstoffs. Es betragen die Verbrennungswärmen für:

	Ber.	Gef.	Diff.	Für 1 N
Glycylglycin (2 N) . . .	492,8 Kal.	471,4 Kal.	— 21,4	— 10,7
d,l-Leucylglycin (2 N) . .	1113,8 „	1094,4 „	— 19,4	— 9,7
Diglycylglycin (3 N) . .	739,2 „	710,2 „	— 29,0	— 9,7
Leucylglycylglycin (3 N) .	1360,2 „	1333,1 „	— 27,1	— 9,0
Triglycylglycin (4 N) . .	985,8 „	947,2 „	— 38,4	— 9,6

Die Verringerung des Energiegehaltes des N ist also auch hier ebenso vorhanden, wie bei allen Körpern, die C=O und NH enthalten (S. 36); eine Erscheinung, die besonderes Interesse gewinnt, wenn man bedenkt, daß zahlreiche derartig gebaute energiearme Körper Abbausubstanzen der physiologischen Vorgänge sind.

X. Alloisomerie.

Die Änderungen in der Vibrationsbewegung, die durch Interferenz mehrerer Doppelbindungen entstehen, die Verminderung des Energiegehaltes und die Vergrößerung der Molekularvolumen sind in den vorhergehenden Abschnitten erörtert worden. Nun erstreckt sich aber der Einfluß der Vibrationsbewegungen auch auf die Rotationen. Eine Komponente der von der Vibration ausgehenden Bewegung wird sich stets in Rotation umsetzen. Da es sich aber dabei um Superpositionen handelt, ändert sich die Summe der Energie und der Volumina nicht, und wir hätten daher kein Mittel, solche Kombinationswirkungen wahrzunehmen, wenn nicht ein besonderer Umstand zu Hilfe käme. Unter gewissen Bedingungen nämlich wird die Rotation so vergrößert, daß eine Atomverschiebung im Molekül stattfindet, eine Erscheinung, die man als Alloisomerieumlagerung bezeichnet hat. Der einfachste Typus der Körper, welche diese Erscheinung zeigen, ist die Crotonsäure und Isocrotonsäure,

$$CH_3-CH=CH-C=O$$
$$OH,$$

die sich wechselseitig ineinander überführen lassen. Aber auch von Säuren, in denen die Carboxylgruppe durch längere gerade CH_2-Ketten mit C=C verbunden ist, existieren solche alloisomere Paare, z. B. Ölsäure,

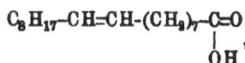

$$C_8H_{17}-CH=CH-(CH_2)_7-C=O$$
$$OH,$$

und Elaidinsäure, Erucasäure,

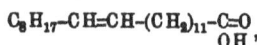

$$C_8H_{17}-CH=CH-(CH_2)_{11}-C=O$$
$$OH,$$

und Brassidinsäure. Auch der Ersatz des H in CH=CH in solchen Säuren durch Cl (Chlorcrotonsäuren) oder durch CH_3 (Angelicasäure und Tiglinsäure) ändern nichts an der Erscheinung. An Stelle der CO-Vibration kann auch die Benzolvibration, wie bei den Tolandichloriden und den o-Dinitrostilbenen, treten. Die Alloisomerie ist besonders genau studiert bei der Fumar- und Maleïnsäure,

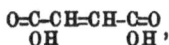

und bei der Gruppe der Zimtsäure,

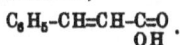

Welcher Art aber auch immer die alloisomeren Verbindungen sein mögen, stets müssen zum Zustandekommen der Erscheinung mehrere Vibrationen aufeinander einwirken. Die übliche stereochemische Behandlung der geometrischen Isomerieverwandlungen, bei der nur die eine C=C-Doppelbindung mit beliebigen Substituenten in Betracht gezogen wird, trägt dieser wichtigen Erfahrungstatsache nicht Rechnung.

Mit Recht wird bei der Alloisomerie von den meisten Chemikern eine Drehung der beiden C-Atome und nicht eine Vertauschung der Substituenten angenommen, aber erst die kinetische Theorie gibt den Grund hierfür an. Die schon an sich vorhandene Rotationsschwingung wird durch den gleichzeitigen Angriff der Kraftkomponente einer Vibration unter geeigneten Umständen (Temperaturen) so vergrößert, daß der Ausschlagwinkel bis 90° steigt. Trifft dann die Drehung mit der Phase der Vibration zusammen, in der die C-Valenzen getrennt sind, so kommt es zu einer Umkehrung der Vibrationsrichtungen, wie aus Fig. 22 zu ersehen. I ist die Phase

Fig. 22.

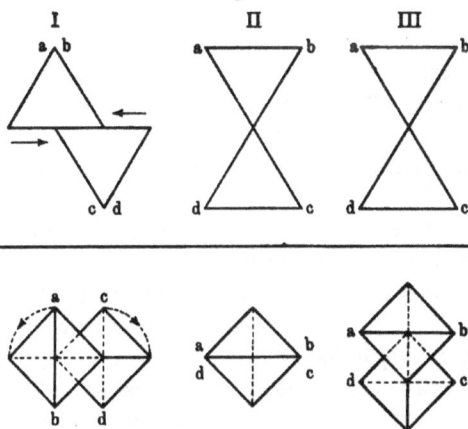

vor der Drehung, die im Sinne der Pfeile zugleich mit der Vibration erfolgt, es ergibt sich daraus Phase II, der dann III folgt. Sind die Substituenten jedes der beiden C-Atome unter sich verschieden, so entsteht dabei der alloisomere Körper.

Ein wichtiger Spezialfall ist der, daß wie bei Fumar- und Maleinsäure die C=O-Gruppen unmittelbar mit der C=C-Gruppe verbunden sind. Es entstehen dann Zwischenvibrationen, deren Folge eine einseitige Vibration nach erfolgter Umkehrung ist. Für die Mittelphasen der Vibration der Fumar- und Maleinsäure ergeben sich folgende Bilder (Fig. 23, I und II).

Fig. 23.

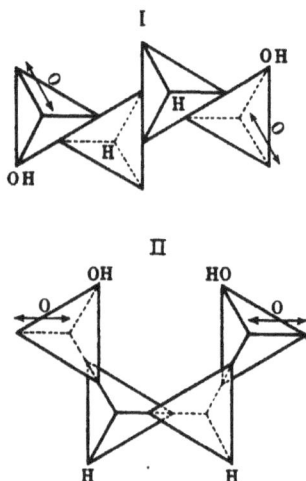

Daß die Form II der Maleinsäure zukommt, folgt aus ihrer glatten Bildung durch Oxydation des Chinons (Kempf, Ber. 39, 3715), sowie aus der Leichtigkeit, mit der sie ein Anhydrid bildet. Beides ist aus Formel II zu schließen. Auf der Art ihrer C-Vibrationen beruht das gesteigerte Additionsvermögen der Maleinsäure im Vergleich zur Fumarsäure.

Es ist ferner klar, daß durch Oxydation der Maleinsäure nur die symmetrische Mesoweinsäure entstehen kann, während bei der Oxydation der Fumarsäure, je nachdem die Addition in der einen oder anderen Phase erfolgt, zwei stereoisomere Oxysäuren, Rechts- und Linksweinsäure, in gleichen Mengen auftreten müssen.

In der geraden Kette der Fumarsäure interferieren die Bewegungen in stärkerer Weise, als in der benzolartig gefügten gebogenen Kette der Maleinsäure. Dies äußert sich in einem Unterschied des Energieverlustes, wie bei den Verbrennungswärmen festgestellt wurde (S. 46).

Der Unterschied zwischen berechneten und gefundenen Verbrennungswärmen beträgt bei

	Kal.	Diff.
Fumarsäure	— 20,1	6,8
Maleinsäure	— 13,3	
Zimtsäure	— 18,4	6,7
Allozimtsäure	— 11,7	

Aus der benzolähnlichen Anordnung der C-Atome der maleinoiden Form erklärt es sich, daß Körper wie o-Oxyallozimtsäure (Cumarinsäure) oder o-Aminoallozimtsäure nicht beständig sind, sondern spontan unter Schließung des Sechsringes in Cumarine bzw. Carbostyrile übergehen.

Was die wechselseitigen Übergänge zwischen maleinoiden in die fumaroiden Formen betrifft, so können die Ursachen stets nur in einer Förderung der Wahrscheinlichkeit des Eintretens bestimmter Phasenkombinationen der Schwingungen bestehen. In erster Linie kommen in dieser Hinsicht Temperaturbedingungen in Betracht, aber auch vorübergehende Anlagerungen oder Wirkung der Lichtvibrationen. Bei den Zimtsäuren kommt hinzu, daß ihre Vibrationen durch die direkte Wirkung der Vibration des Benzols aromatisch beeinflußt werden (S. 66). Werden die H-Atome der Malein- und Fumarsäure durch CH_3 und andere Gruppen ersetzt, so wird die C=C-Bewegung durch diese Belastung verlangsamt. Die Übergänge der homologen Säuren ineinander erfolgen schwieriger. Andererseits wird durch die langsamere Bewegung die Gelegenheit zur Anhydridbildung erhöht. Die Methylmaleinsäure (Citraconsäure) bildet schon bei 100°, die β-Methylcitraconsäure (Pyrocinchonsäure) schon bei gewöhnlicher Temperatur das Anhydrid.

XI. Farbentheorie.

Daß Doppelbindungen auf Vibrationsbewegungen beruhen, ist in den vorhergehenden Ausführungen aus den physikalischen und chemischen Beobachtungen, den Energieverhältnissen und Molekularrefraktionen, den Reaktionen und Umwandlungen geschlossen worden. Einen weiteren Beweis für die Existenz solcher Atombewegungen liefern die Farbenerscheinungen. Gefärbt sind nur Körper, in denen nach der kinetischen Theorie Vibrationen stattfinden. Durch Additionen an die Doppelbindungen verschwindet die Farbe. Die vibrierenden Atome bilden Zentren, von denen Schwingungen ausgehen, die zu den elektromagnetischen Wellen des Lichtes in einer einfachen Beziehung stehen. Je nach der Geschwindigkeit der Vibration ändern sich die Wellenlängen der von ihnen ausgesandten Schwingungen. Der Lichtstrahl, mit dessen Wellenlängen sie übereinstimmen, ist je nach der Intensität der Bewegung mehr oder weniger gestört oder ganz ausgelöscht. Im Spektroskop beobachtet man dann Absorptionsstreifen oder Banden, die im unsichtbaren Ultrateil wie im sichtbaren Teil des Spektrums liegen können. Im letzteren Fall erscheint dem Auge der vom weißen Tageslicht durchstrahlte Körper in der Komplementärfarbe des aufgehobenen Lichtstrahles.

Ein „Chromophor" im eigentlichen Sinne ist demnach jedes vibrierende C-, N-, O-Atom. Die Wirkung auf das Licht läßt sich aber nicht nur im allgemeinen, sondern bis ins einzelne verfolgen. Es ist dabei daran festzuhalten, daß die Bestimmung der Farbe stets in gleicher Weise geschehen muß, und zwar durch Beobachtung des durchgehenden Lichtstrahles, sei es bei Kristallen oder besser in Lösungen. Ist die Vibration eine sehr rasche, so werden die Absorptionen im Ultraviolett wahrzunehmen sein, verlangsamen sie sich durch Belastung der vibrierenden Atome, so wird ein Punkt erreicht, in dem die Wellenlänge mit der des eben sichtbaren Violett übereinstimmt. Der Körper erscheint dann in der Komplementärfarbe grünlichgelb. Wird die Schwingung weiter verlangsamt, etwa bis zur Wellenlänge von Grün, so erscheint der Körper rot. Tritt weitere Verlangsamung ein, z. B. bis zur Wellenlänge von Orange, so wird der Körper blau erscheinen. Wir kommen daher zu den folgenden Beziehungen: Abnehmende intramolekulare Vibrationsgeschwindigkeit entsprechend den Wellenlängen von

Ultraviolett	Violett	Blau	Grün	Gelb	Orange	Rot	Ultrarot
Farben-erscheinung	↓ gelb	↓ orange	↓ rot	↓ violett	↓ blau	↓ grün	

Diese Skala ist infolge ihrer Entstehung wesentlich verschieden von der Reihenfolge der Spektralfarben. Man pflegt die Verschiebung in der Skala von Gelb bis Grün als Farbvertiefung, die umgekehrte als Farberhöhung zu bezeichnen. Diese Ausdrücke erscheinen dann zutreffend, wenn man dabei an die Empfindung von Tonschwingungen denkt. Die rascheste Schwingung, die den hohen Tönen an die Seite zu stellen ist, erscheint gelb, die langsamste, den tiefen Tönen vergleichbar, grün.

Diese Beziehung liefert zugleich einen Anhaltspunkt für die Frequenz der Vibrationen in Doppelbindungen. Die Wellenlänge des äußersten Ultraviolett ist etwa 0,001 mm, die des äußersten Ultrarot 0,06 mm; unter Zugrundelegung der Lichtgeschwindigkeit ergibt sich für die Zahl der Vibrationen in der Sekunde 3.10^{14} bis 5.10^{12}. In dieser Größenordnung müßten daher die Atombewegungen liegen, welche die Ursache der Farbenerscheinungen bilden.

Alle Farbstoffgruppen, die wir kennen, zeigen durch zunehmende Belastung Farbvertiefungen. So ist die Farbe des Fuchsins rot, der Methylderivate violett, Phenylderivate blau, Naphtylderivate grünblau usw. Man darf aber nicht etwa die Belastung als eine einfache Molekulargewichtsvergrößerung auffassen. Es kommt selbstverständlich sehr darauf an, an welcher Stelle der die Vibration retardierende Substituent eingetreten ist und wie er sich selbst bewegt, da jede Kraft die Bewegung eines Systems je nach der Richtung und dem Ort ihres Angriffes verschieden beeinflußt.

Das beste Material zur Prüfung dieser Verhältnisse bieten die Azokörper mit der vibrierenden –N=N-Gruppe. In Körpern wie Azodicarbonsäureester,

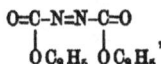

$$O=C-N=N-C=O$$
$$\overset{|}{O}C_2H_5 \quad \overset{|}{O}C_2H_5,$$

oder diazoessigsaures Natron,

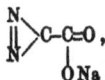

$$\overset{N}{\underset{N}{\|}}{>}C-C=O,$$
$$\overset{|}{O}Na$$

ist die N=N-Vibration, die in unbehinderter Form die Schwingungsgeschwindigkeit ultravioletter Strahlen besitzt, bereits genügend aufgehalten, um in den sichtbaren Teil des Spektrums zu fallen. Die Körper sind daher gelb gefärbt. Ebenso wirkt die Belastung mit den langsam vibrierenden aromatischen Ringen hemmend auf die Bewegung. Hierauf beruht die intensive Färbung der aromatischen Azofarbstoffe. Sie sind besonders geeignet, um den Einfluß der Belastung zu studieren.

Stets erzeugt die erhöhte Belastung Vertiefung des Farbtones. Greifen wir als ein einfaches bekanntes Beispiel die Azofarbstoffe aus der 2-Naphtol-3,6-disulfosäure-R (I) heraus. Diazobenzol ergibt ein Orange, Diazoxylol durch die Belastung mit zwei Methylgruppen ein Scharlachrot, Diazonaphtalin ein Bordeauxrot, 2-Äthoxy-1-diazonaphtalin ein Rotviolett. Dazwischen kann man durch geeignete Auswahl der Komponenten alle beliebigen Töne erzeugen. Diese Skala der Monoazofarbstoffe wiederholt sich in gleicher Weise in allen analogen Fällen. Man kann das gewählte Beispiel auch dazu benutzen, um die Wirkung der Stellung der Substituenten zu zeigen. Geht man von der Naphtol-3,8-disulfosäure (II),

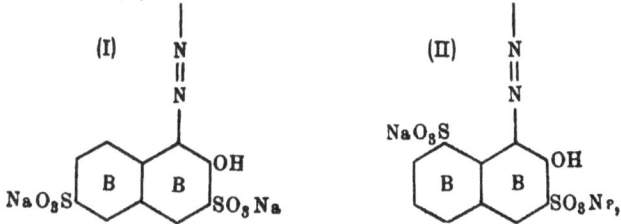

aus, so erhält man merklich gelbere Nuancen. Der Farbstoff aus Diazobenzol ist gelborange, der aus Diazonaphtalin ponceaurot. Die Sulfogruppe wirkt also in der 6-Stellung von einem entfernteren Punkte aus stärker belastend ein, als aus der näheren 8-Stellung.

Sind mehrere N=N-Gruppen in einem Molekül vorhanden, so wirken die Vibrationen, falls sie parallel gestellt sind, in der gleichen Weise zusammen, wie dies bei den Körpern mit mehreren Doppelbindungen gezeigt wurde. Ist ihre Stellung zueinander aber eine andere, so hört der gegenseitige Einfluß auf. Wenn Tetrazobiphenyl,

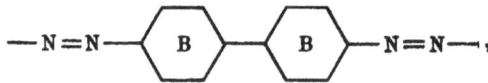

mit der 2,3,6-Naphtoldisulfosäure kombiniert wird, erhält man ein Rotblau, da durch die parallele Bewegung der beiden Azogruppen die Geschwindigkeit der Vibration erheblich verzögert wird. Belastet man das Molekül, indem man Tetrazo-o-ditolyl oder Tetrazo-o-diphenoläther an Stelle des Tetrazodiphenyls verwendet, so erhält man durch weitere Verzögerung ein Blau bzw. Grünblau.

Die parallele Stellung der N-Vibrationen kann man nun dadurch aufheben, daß man das Biphenyl in o-Stellung zur Biphenylbindung substituiert. Durch die Raumbeanspruchung der Substituenten (CH₃, Cl, SO₃H usw.) wird die gerade Anordnung der beiden Phenylkerne gestört und eine etwa der nachstehenden Formel

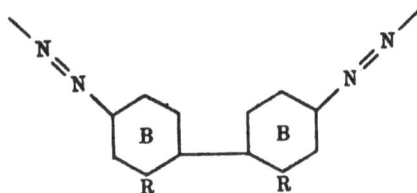

entsprechende Verbiegung hervorgerufen. Der Farbstoff der 2,3,6-Naphtol-disulfosäure ist nun nicht mehr blau, sondern rot, wie etwa der aus Diazoxylol. Hebt man den Zusammenhang der Vibrationen durch Zwischenschiebungen auf, so ist der Effekt der gleiche. Es wurde S. 56 gezeigt, daß sich im Diphenylmethan die Vibrationen der Phenylgruppen im Gegensatz zum Biphenyl nicht kombinieren. Tetrazotieren wir Diaminodiphenylmethan zu

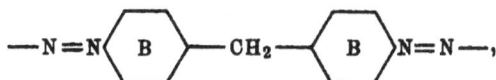

$$-N=N\underset{}{\bigcirc}{B}\bigcirc -CH_2-\bigcirc{B}\bigcirc N=N-,$$

so ergibt sich bei der Vereinigung mit der 2,3,6-Naphtoldisulfosäure ein Ponceaurot und kein Blau. Die Interferenz der Azovibrationen ist aufgehoben.

Die Gleichartigkeit, die in bezug auf die gemeinsamen Atombewegungen zwischen Diphenyl und Naphtalin festgestellt wurde (S.58) zeigt sich auch bei den Azoderivaten. Das 2,6-Tetrazonaphtalin

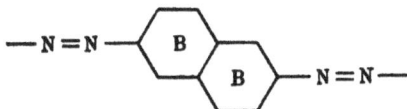

$$-N=N-\bigcirc{B}\atop{B}\bigcirc -N=N-$$

ist ein vollkommenes Analogon des Tetrazobiphenyls und liefert blaue Naphtolsulfosäurefarbstoffe, die sich von denen aus Benzidin kaum unterscheiden.

Es ist nicht möglich, an dieser Stelle die große Zahl von möglichen Anordnungen der Azogruppen näher zu behandeln. Es genügt zu sagen, daß die Farbe der Azokörper ein Analysator von größter Präzision ist, der jede Verschiebung der Atombewegung im Molekül als Nuancenveränderung wiedergibt.

Erheblichen Einfluß auf die Vibration der N=N-Gruppe in aromatischen Azokörpern hat die Gegenwart der OH-Gruppe ihrer Metallverbindungen und Äther, sowie der NH_2-Gruppe ihrer Derivate und Salze. Um diese Wirkung zu verstehen, muß man sich zunächst die Tatsache vergegenwärtigen, daß der Eingriff der Diazogruppe von der Gegenwart dieser Substituenten abhängt, und ferner, daß dieser Eingriff stets nur in Para-, oder wenn dies nicht möglich, in Orthostellung erfolgt. Nach der entwickelten Vorstellung über die Polysubstitution der Benzolderivate beruht dieser Vorgang darauf, daß durch einen Substituenten das Para-C-Atom und in geringerem Maße das Ortho-C-Atom in seiner Bewegung verstärkt und dadurch die damit verbundenen H-Atome gelockert werden. Die weitaus größte Wirkung in diesem Sinne äußern Hydroxyl- und Aminogruppen. Durch die Lockerung der p- oder o-H-Atome werden die Vorbedingungen für den Eintritt des Diazorestes geschaffen.

Können wir einerseits aus der Reaktionsfähigkeit der Phenole und Amine auf die stark erhöhte Bewegung der angreifbaren Stellen der Moleküle schließen, so ergibt sich aber auch andererseits, daß die Wirkung nach der Substitution fortbestehen muß und auch die an Stelle von H getretenen Gruppen von der vermehrten Bewegung ebenso betroffen werden. Die reaktionsfördernden Gruppen wirken daher auch auf die Vibration der Substituenten ein und verstärken die Frequenz und Amplitude der Schwingung und damit die Farbwirkung; sie sind zugleich „auxochrom".

Freie Phenole verbinden sich mit Diazokörpern viel weniger leicht als ONa-Verbindungen. OH steigert dementsprechend die Farbwirkung weit schwächer als ONa; so ist Oxyazobenzol schwach gelb, das Na-Salz intensiv orange. Die Phenoläther reagieren noch schwerer als die freien Phenole (Kurt Meyer und Lenhart, Ann. 398, 75), so daß man früher glaubte sie seien überhaupt ganz indifferent gegenüber Diazokörpern. Die alkylierten OH-Azofarbstoffe sind farbschwächer als die OH- oder ONa-Verbindungen. Basische Körper reagieren am besten bei Gegenwart von Säuren, z. B. Anilin oder Dimethylanilin. Entsprechend sind Aminoazobenzol und Dimethylaminoazobenzol gelb, ihre Salze dunkelrot bzw. violettrot. Die von H. Kauffmann (Die Valenzlehre, S. 486) ausgesprochene Ansicht, daß die „auxochrome" Wirkung der Aminogruppe durch Salzbildung aufgehoben werde, ist in dieser Allgemeinheit nicht richtig. Um diese Ansicht auch bei Aminoazobenzol durchzuführen, müßte man für das Salz eine „chinoide" Formel annehmen. Da sich aber das Salz in der Kälte quantitativ diazotieren läßt, so enthält es eine primäre Aminogruppe und besitzt die Konstitution

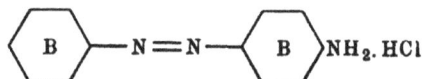

$$\langle B \rangle - N = N - \langle B \rangle NH_2 . HCl$$

und nicht die Formel eines Azochinonimins. Da die Rotationsenergie des Aminostickstoffs durch Verbindung mit einer C=O-Gruppe herabgesetzt wird, wie dies festgestellt wurde (S. 36), so wird damit auch seine Wirkung als Substituent entsprechend verringert. Acetylierung einer Aminogruppe zerstört sowohl ihre reaktionsfördernde Wirkung ebenso wie ihren auxochromen Einfluß.

Dieser Parallelismus zwischen auxoreaktiver und auxochromer Wirkung ist der Schlüssel für das Verständnis zahlreicher Probleme der Farbenchemie und zugleich ein Beweis für die Richtigkeit der kinetischen Substitutionstheorie.

———————

Der N=N-Gruppe analog verhält sich die C≡C-Gruppe. Ihre Vibrationsgeschwindigkeit ist größer und die Absorptionen einfacher Verbindungen mit C≡C-Gruppen liegen noch am äußersten Ende des Ultravioletts. Es bedarf schon starker Hemmungen wie im Fulven,

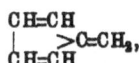

$$\begin{matrix} CH=CH \\ | \quad\quad >C=CH_2, \\ CH=CH \end{matrix}$$

oder dem Carotin ($C_{40}H_{56}$), um zu orangegefärbten Kohlenwasserstoffen zu gelangen. Viel intersiver wirkt die Vibration in der aromatischen Bewegung. Benzol zeigt Absorptionen im Ultraviolett und ebenso zeigen alle seine Derivate starke Wirkungen auf das Licht. Der Grund dafür ist die Tatsache, daß, wie sich aus der Verbrennungswärme ergeben hat, die Energie der Benzolvibration nur ein Drittel der normalen C=C-Vibration und auch ihre Geschwindigkeit daher entsprechend vermindert ist (S. 56).

Durch Belastungen kann die Absorption in den sichtbaren Teil des Spektrums verschoben werden. Substituenten, welche die Vibration einzelner C-Atome hemmen, wie OH, NH_2, verschieben die Lichtabsorption entsprechend. Auch höhere Kohlenwasserstoffe aus mehreren Benzolringen, wie Pyren, zeigen bereits Farbe. Sehr deutlich kann man auch die Hemmungen durch gewisse Verkettungen erkennen. Die bekannte Erscheinung, daß

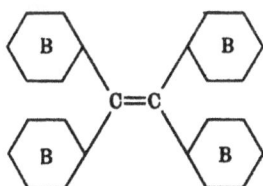

Tetraphenyläthylen   Dibiphenylenäthylen

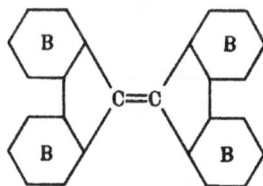

Tetraphenyläthylen farblos, und daß Dibiphenylenäthylen rot ist, beruht auf einer solchen Bewegungshemmung.

Durch Verbindung mit dem aromatisch vibrierenden C des Benzolkernes wird die chromophore Wirkung anderer vibrierender Gruppen hervorgerufen, wie bei den Azofarbstoffen bereits gezeigt wurde.

Die Untersuchung dieses Einflusses des Benzols und seiner Derivate auf die Lichtabsorption verdanken wir in erster Linie Hartley, der am Ende seiner umfangreichen Arbeiten zu dem Schluß gelangt (Kaysers Handbuch):

„Jedes Benzolderivat läßt sich in eine farbige Substanz umwandeln, wenn man es chemischen Veränderungen unterwirft, welche ein oder mehrere Absorptionsbänder in das sichtbare Gebiet verschieben. Die Farbe dieser Verbindungen rührt daher von der besonderen Schwingungsart des Benzolkernes her. Aber die Schwingungen eines gewöhnlichen Benzolmoleküls äußern sich nicht innerhalb der gewöhnlichen Strahlung. Um sie dahin zu verlegen, müssen wir einen der folgenden Prozesse anwenden: an Stelle eines oder mehrerer Wasserstoffatome der Ringe werden farbengebende Gruppen, wie OH, NH_2 (die Auxochrome Witts), substituiert, welche die Schwingungen des Benzolkernes zu verlangsamen vermögen, oder die Kohlenstoffatome werden noch weiter kondensiert, indem man zwei oder mehrere Benzolringe vereinigt."

Dies kinetische Bild, das sich Hartley nach tausenden systematischen Beobachtungen und Messungen aufdrängte, und das ganz der Vorstellung entspricht, zu der ich bei den Arbeiten über Teerfarbstoffe gelangt war, scheint mir der Wahrheit näher zu kommen, als die Farbentheorien mit Hilfe von „gelockerten Valenzelektronen" oder „zersplitterten Valenzen".

Die $C{=}O$-Vibration fällt in ihrer Normalform in das Gebiet des äußersten Ultravioletts, und es bedarf besonderer Belastungen und Hemmungen, um die Schwingungen bis zur Sichtbarkeit zu verlangsamen. Diesen Effekt hat z. B. die Verbindung von zwei $C{=}O$-Gruppen in Körpern vom Typus des gelbgrünen Glyoxals,

$$O{=}C{-}C{=}O \atop \phantom{O{=}}H\ \ H$$

wie Diacetyl (gelb),

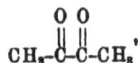

$$CH_3{-}\overset{O}{\overset{\|}{C}}{-}\overset{O}{\overset{\|}{C}}{-}CH_3,$$

oder Triketopentan (orange),

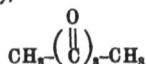

$$CH_3{-}\Big(\overset{O}{\overset{\|}{C}}\Big)_3{-}CH_3$$

Hier kommen die Zwischenbewegungen und die dadurch verursachte Hemmung der Schwingungen zur Geltung. Ist ein solches Zusammen-

wirken der Vibrationen nicht vorhanden, wie z. B. die Molekularrefraktion und Verbrennungswärme bei der Oxalsäure beweist (S. 37),
so verschwindet auch die Farbenwirkung. Die Verbindung mit Benzol
verlangsamt die Vibration der C=O-Gruppe. Die Lichtabsorption des
Benzophenons liegt zwar noch im Ultraviolett, aber schon die Hemmung
der Bewegung durch Verbindung der Benzolringe im Fluorenon

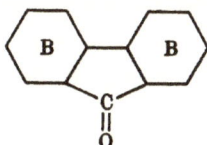

genügt, um das Auftreten einer Orangefarbe zu bewirken.

Auf der Vibration des O beruht auch die chromophore Wirkung der Carboxyl-, der Nitro- und Sulfogruppe. So ist z. B.
2-Naphtol farblos, die 2,3-Oxynaphtoesäure gelb gefärbt. Auch die
Wirkung der Nitrogruppe kommt erst in Verbindung mit der verlang-
samenden Bewegung des Benzols und des Naphtalins zur Geltung. Das
gleiche gilt von der Sulfogruppe, deren chromophore Wirkung man
am besten an Naphtolsulfosäuren studieren kann, wobei es natürlich
auf die Stellung der Vibrationen zueinander ankommt.

Verbindet man das 2-Naphtol in 6-Stellung mit einer SO_3Na-
Gruppe, so bleibt es auch in alkalischer Lösung noch farblos; aber
schon das Na-Salz der 2-Naphtol-3,6-disulfosäure ist gelblich, das
der 2-Naphtol-3,6,8-trisulfosäure stark gelb gefärbt. Es sei dabei
bemerkt, daß bei dieser Substitution die Fluoreszenz der Lösungen von
schwachem Violett über Blau zu intensivem Grün übergeht, daß also
auch die Farbe der Fluoreszenz die Farbvertiefung durch Häufung der
Sulfogruppen zeigt:

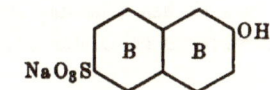

Farbe . . . . farblos
Fluoreszenz . . violett

hellgelb
blau

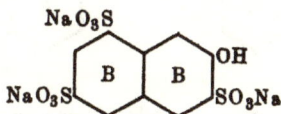

Farbe . . . . gelb
Fluoreszenz . . . . . . grün

Doch nicht nur die innerhalb der Benzolkerne, sondern auch außerhalb auftretenden aromatischen Vibrationen besitzen die verlangsamte Vibrationsgeschwindigkeit und geben dadurch Anlaß zur Lichtabsorption im sichtbaren Teil des Spektrums. Es ist dies an den Chinonen und analogen Körpern zu erkennen. Sowohl o- wie p-Chinone sind gefärbt. Die Farbe wird durch den Einfluß der Interferenz mit anderen Vibrationen oder von Hemmungen vertieft, so ist:

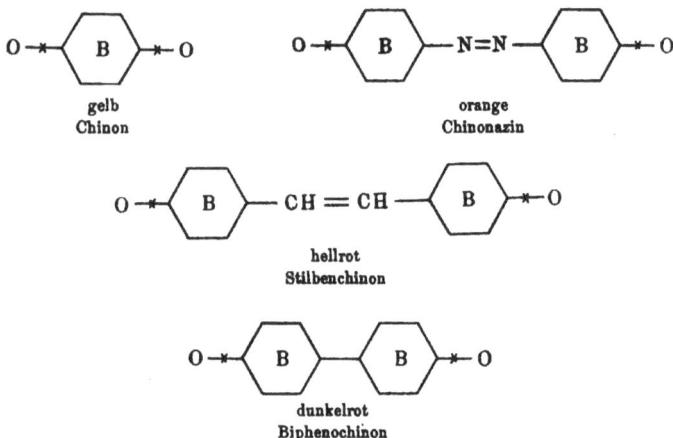

gelb
Chinon

orange
Chinonazin

hellrot
Stilbenchinon

dunkelrot
Biphenochinon

Die Schwingungen des aromatisch bewegten Stickstoffs fallen im Normalfall der Chinonimine noch nicht in das sichtbare Spektrum. Doch ist schon das mit Methylgruppen belastete Chinondimethyldiimin

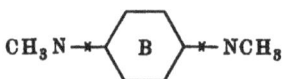

hellgelb. Zu weit stärkerer Wirkung der aromatischen Vibration führt die Bewegung in einem zwischen zwei Benzolringen gebildeten Sechsring. Es sind die Farbstoffgruppen der

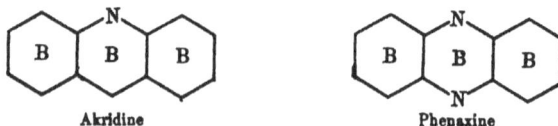

Akridine

Phenazine

in denen man den Mittelring, da alle gleiche aromatische Vibrationen ausführen, wie einen Benzolkern bezeichnen kann (S. 60).

Auch bei diesen Körpern machen sich die Substitutionen in normaler Weise durch Farbvertiefungen geltend. Es gilt dies besonders von dem Effekt von ONa und $NH_2.HCl$ und analoger Gruppen. Treten sie in o- oder p-Stellung zu dem aromatisch gebundenen N- oder C-Atom des Mittelringes, so wird der Ton der Farbe verändert und die Intensität verstärkt. Es ist z. B. Aminooxyphenazin

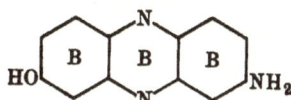

schwach bräunlichgelb, sein in Wasser lösliches Natronsalz intensiv goldgelb, das Chlorhydrat intensiv ziegelrot gefärbt. Daß eine primäre Aminogruppe vorhanden, ergibt sich aus der glatten Überführbarkeit in eine Diazoverbindung.

Beschwerungen am Azinstickstoff vertiefen den Farbton. Aus dem als Salz roten Dimethyldiamidotoluphenazin (Toluylenrot) wird das violette Salz des Dimethyltolusafranin:

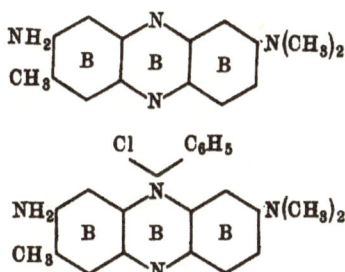

Die Safraninformel, zu der man auf diese Weise gelangt, steht der von Kehrmann verteidigten prinzipiell nahe (Ber. 43, 2131), wenn auch an Stelle der unsymmetrischen „orthochinoiden" Form die symmetrische Form des kinetischen Azinringes getreten ist. Für die symmetrische Struktur spricht die auch vom Standpunkt der Belastungstheorie an sich interessante Beobachtung, daß jede in die beiden NH_2-Gruppen des Phenosafranins eintretende Alkyl- oder Arylgruppe den Hauptstreifen der Lichtabsorption um die gleiche Strecke verschiebt, d. h. die Vibrationen um gleich viel verlangsamt (Formánek und Grandmougin, Unters. organ. Farbst. 1908, S. 193).

Beide Aminogruppen des Safranins sind nur schwach basisch. Ist eine derselben diazotiert, so wird dadurch die Basizität der anderen so vermindert, daß sie nur noch in stark saurer Lösung diazotierbar ist. Es liegt kein Grund vor, deshalb chinoide Veränderungen anzu-· nehmen, denn auch Körper wie Dichloranilin, Dinitranilin und viele andere Basen, die zweifellos primäre Amingruppen enthalten, lassen sich nur bei Gegenwart konzentrierter Mineralsäuren diazotieren.

Die aromatische Bewegung des Mittelkernes kann sich auch auf O- und S-Atome erstrecken, bei denen dann eine Nebenvalenz mit in Aktion tritt. Es würden dann bei O die Valenzen *a*, *b* (Fig. 6) und eine Nebenvalenz beansprucht sein und die andere Nebenvalenz übrig bleiben. Analog hätte man sich die Funktionen des S-Atoms in den Thiazinfarbstoffen zu denken. Die zweiten Nebenvalenzen von O und S müssen dann ebenfalls gesättigt sein, und es ergäbe sich daraus z. B. für das rote Phenthiazimchlorid die Formel:

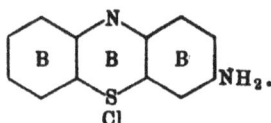

Bekanntlich hat Kehrmann nachgewiesen, daß dieser Körper sich glatt diazotieren läßt, also eine Aminogruppe enthält (Ann. 322, 64).

Das Lauthsche Violett ist ein symmetrischer Diaminokörper. Durch·Belastung jeder der beiden Aminogruppen mit CH_3-Gruppen verschiebt sich die Lichtabsorption um den gleichen Betrag vom Lauthschen Violett bis zum Methylenblau (Formánek und Grandmougin, l. c., S. 150):

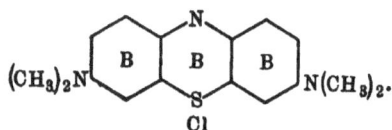

Außer den Farbstoffen mit stickstoffhaltigem aromatischen Mittelkern existieren auch solche, in denen der Mittelkern nicht mehr aromatisch ist und ein Substituent mit Chinonvibration in die p-Stellung zum N des Mittelringes getreten ist. So lagert sich die normale Safraninammoniumbase

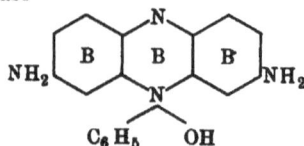

vermutlich unter vorübergehender Wanderung der OH-Gruppe zum anderen N des Mittelringes in die Chinondiiminbase

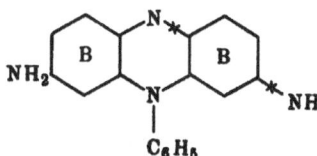

um, die sich aber schon mit Wasser oder verdünnten Säuren in die normale Safraninform zurückverwandelt. Als Beispiel eines Chinonimins sei das aus Phenoxazin durch Oxydation mit Eisenchlorid entstehende orangerote Phenoxazon erwähnt:

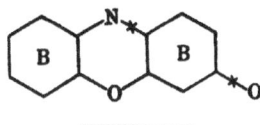

Eine wichtige Rolle in den Farbenerscheinungen kommt dem aromatisch vibrierenden, außerhalb des Benzolkernes mit diesem verbundenen C-Atom zu. Es ist vor allem in der Stammsubstanz der Triphenylmethanfarbstoffe, dem gelb gefärbten Triphenylmethyl (S. 76), enthalten:

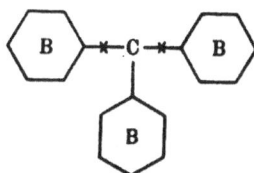

Belastet man die Bewegung des mittleren C-Atoms, indem man statt der Phenyle successive Biphenyl oder Naphtalin einführt, so verlangsamt sich die Schwingung. Es ist:

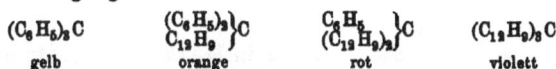

$$(C_6H_5)_3C \qquad \left. \begin{matrix}(C_6H_5)_2 \\ C_{12}H_9\end{matrix}\right\}C \qquad \left. \begin{matrix}C_6H_5 \\ (C_{12}H_9)_2\end{matrix}\right\}C \qquad (C_{12}H_9)_3C$$
gelb orange rot violett

Auch die analog konstituierten Metallalkyle, deren einfachster Vertreter das Benzophenonkalium:

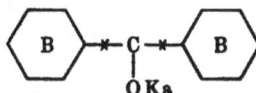

sind alle intensiv gefärbt, und zwar nach dem Grad der Belastung von Orange bis Violett (Ber. 46, 2843).

Die Körper dieser Gruppe sind leicht veränderlich. Das Molekül
des Triphenylmethyls verdoppelt sich zu Äthanderivaten, und da dann
kein freistehendes aromatisches C mehr vorhanden, verschwindet die
Farbe, wie auch aus dem gleichen Grunde Triphenylmethane farblos sind.
Die Beständigkeit wird erheblich vergrößert, wenn in eine Parastellung
ein zweiter aromatisch vibrierender Substituent eintritt. So entsteht durch Eintritt von Chinonsauerstoff in einen Benzolring des Triphenylmethyls das orangegefärbte Chinotriphenylmethyl, das Fuchson:

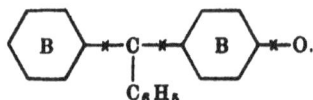

$$\langle B \rangle\!\!-\!\!*\!\!-\!\!C\!\!-\!\!*\!\!-\langle B \rangle\!\!-\!\!*\!\!-O.$$
$$\underset{C_6H_5}{|}$$

In gleicher Weise ist auch das intensiv orange gefärbte Tetra-
phenylchinodimethan (S. 77) viel beständiger als das Triphenylmethyl.

Treten weitere aktive Gruppen in die Parastellungen der anderen
Benzolkerne, so werden dadurch je nach ihrer Zahl und Natur die
Schwingungen beeinflußt. Am größten ist die hemmende Wirkung,
wenn zwei Parastellungen besetzt sind, da sich dann die Interferenz
der Vibrationen und die belastende Wirkung des dritten Benzolkernes
addieren. Die Salze des Malachitgrüns verdanken ihre Nuance dieser
Wirkung:

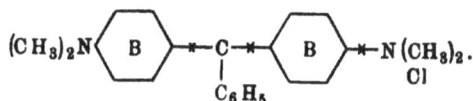

$$(CH_3)_2N\langle B \rangle\!\!-\!\!*\!\!-\!\!C\!\!-\!\!*\!\!-\langle B \rangle\!\!-\!\!*\!\!-\underset{Cl}{N(CH_3)_2}.$$
$$\underset{C_6H_5}{|}$$

Beschwert man seine Stickstoffatome, indem man Äthylgruppen an
Stelle der Methylgruppen setzt, so wird der Ton von Blaugrün nach
Gelbgrün verschoben. Wird in den dritten Benzolkern des Malachitgrüns eine NH₂- oder ONa-Gruppe in Parastellung eingeführt, so
wird dadurch das zentrale C-Atom stärker bewegt, die Vibrationsgeschwindigkeit wird größer, die Farbstoffe werden violett. Substituiert man aber die gleichen Gruppen in Metastellung oder hebt man
den belebenden Einfluß der NH₂-Gruppe auf, indem man sie mit C=O
verbindet (acetyliert), so ist die Farbe wieder grün.

Auch die Farbstoffe der Auraminreihe enthalten das vibrierende
Zentral-C-Atom, das mit NH₂ verbunden ist:

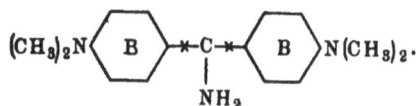

$$(CH_3)_2N\langle B \rangle\!\!-\!\!*\!\!-\!\!C\!\!-\!\!*\!\!-\langle B \rangle N(CH_3)_2.$$
$$\underset{NH_2}{|}$$

Verlangsamt man die Bewegung des N H₂ des Stickstoffs im Auramin, indem man ihm ein C=O anfügt, so überträgt sich diese Wirkung auf das C-Atom und die Farbe vertieft sich von Gelb zu Violett (Semper, Ann. 381, 284).

Für Fluoreszein (gelb) und Euxanthon (gelb) wären folgende Formeln aufzustellen:

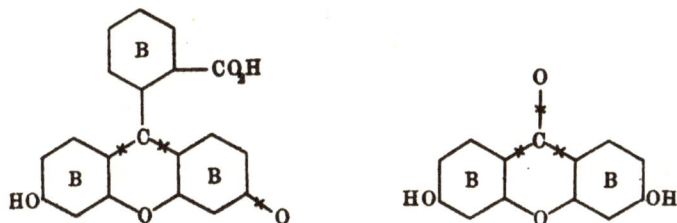

für Pyronin (rot):

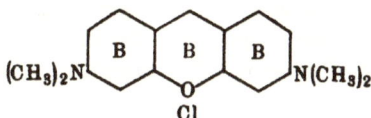

Durch Verkettung zweier Moleküle des Pyronins am C-Atom des Mittelringes wird die Vibration verlangsamt und das Bis-pyronin ist daher violett (Ehrlich und Benda, Ber. 46, 1937).

Die kinetische Farbentheorie gibt eine einfache Erklärung für diejenigen Erscheinungen, die man als Halochromie bezeichnet hat. Bekanntlich zeigen sich beträchtliche Nuancenverschiebungen, falls gewisse sauerstoffhaltige Körper mit starken Säuren oder ähnlich wirkenden additionsfähigen Metallsalzen zusammengebracht werden. So löst sich das gelbe Dibenzalaceton, $C_6H_5–CH=CH–CO–CH=CH–C_6H_5$, in konzentrierter Salzsäure mit dunkelroter, in konzentrierter Schwefelsäure mit orangeroter Farbe. Diese Erscheinungen beruhen auf Addition an die Nebenvalenzen des vibrierenden Sauerstoffs. Hierdurch wird das vibrierende Atom belastet und damit die Vibrationen des Systems verlangsamt und die Farbe vertieft.

In noch höherem Grad als der normal vibrierende Sauerstoff der Carbonylgruppe ist der aromatisch vibrierende Chinonsauerstoff befähigt, seine Nebenvalenzen zur Geltung zu bringen. Hierauf beruht die intensive Färbung der Chinhydrone. Eine analoge Ursache haben die Veränderungen, welche die Nuance vieler Farbstoffe beim Lösen in konzentrierten Säuren zeigen. Hierbei wird die Vibration — durch Anlagerung an N- oder O-Atome — verändert. Es ist dabei oft möglich, eine ganze Skala von Nuancen zu erzeugen, wenn man die Lösung in konzentrierter Schwefelsäure allmählich verdünnt.

Die „Halochromie" ist demnach keine besondere Art des Entstehens von Farbe, sondern eine normale Beschwerungserscheinung, Beeinflussung bestehender Vibrationen.

Eine Beschwerungserscheinung ist der Farbenumschlag beim Ersatz des H der OH-Gruppe durch Metalle und bei der Bildung von Lacken. — Mitunter genügt es schon die Calcium-Blei-Barytsalze von Sulfo- oder Carboxylgruppen von Farbstoffen herzustellen, um tiefer gefärbte Lacke zu erhalten. Oft verketten sich dabei mehrere Moleküle durch die mehrwertigen Metalle zu größeren, weniger beweglichen Komplexen von tieferer Farbe.

Als interessantes und praktisch wichtiges Beispiel für Hemmungen und Beschleunigungen seien schließlich die Farbstoffe der Indigoreihe und ihre Substitutionsprodukte angeführt. Der Indigogruppe liegt das Dibenzoyläthylen

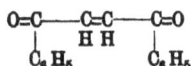

$$O=C \quad\text{---}\quad C=C \quad\text{---}\quad C=O$$
$$\overset{|}{C_6H_5} \quad \overset{H\ H}{} \quad \overset{|}{C_6H_5}$$

zugrunde, das in zwei isomeren Formen existiert, von denen die fumaroide (in gerader Linie verbundene, S. 84) Form intensiv gelb gefärbt ist (Paal und Schulze, Ber. 33, 3798). Von ihr leiten sich Indigo oder Thioindigo derart ab, daß die beiden H-Atome der CH=CH-Gruppe substituiert und die Substituenten gleichzeitig mit dem Benzol verkettet werden, so daß eine außerordentlich große Hemmung eintritt. Die einfache Substitution allein würde nicht ausreichen, um die Bewegung so erheblich zu verlangsamen, wie dies beim Übergang der Farbe des Dibenzoyläthylens zur Farbe des Indigos und Thioindigos geschieht. Werden nun in den Indigo [1])

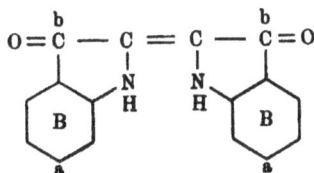

$$O=C \overset{b}{\text{---}} C = C \overset{b}{\text{---}} C=O$$

----

[1]) Die Formel ist hier wie üblich, wenn auch in klarerer Form geschrieben, verstanden ist aber darunter O || C || C || C || C || O.

belastende Substituenten in die Stellungen a eingeführt (z. B. Cl, Br, OCH₃), so werden dadurch, wie bei den Erörterungen der Substitutionen (S. 67) gezeigt wurde, die Para-C-Atome und zugleich die mit ihnen verbundenen C-Atome b stärker bewegt. Die Vibrationsgeschwindigkeit vergrößert sich und die Farbe wird von Blau nach Rotviolett verändert (Friedländer, Ber. 42, 768). Eintritt der gleichen Substituenten in andere Stellungen hat diesen Effekt nicht. Treten im Thioindigo

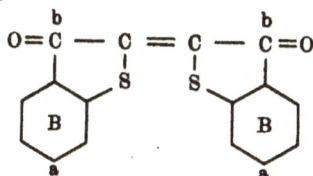

$$O = C \overset{b}{-} C = C \overset{b}{-} C = O$$

der bekanntlich bläulich rot färbt, belastende Substituenten in die Stellungen a, so werden in gleicher Weise die Bewegungen der C-Atome b beschleunigt und die Farbe wird orange. Bringt man nun aber in die Stellungen a vibrierende Substituenten, z. B. Carboxylgruppen, so tritt der umgekehrte Effekt ein, die Bewegung der C-Atome b wird verlangsamt und die Nuance wird bläulicher. Wird die Metastellung zu den C-Atomen b durch belastende Gruppen, z. B. durch OCH₃, substituiert, so wird ihre Bewegung verlangsamt und die Farbe violett, wie dies nach den Prinzipien der kinetischen Substitutionstheorie vorauszusehen.

Ich beschränkte mich auf diese kurzen Bemerkungen über die kinetische Theorie der organischen Farbstoffe, deren erschöpfende Behandlung ein Buch für sich beanspruchen würde. Es galt nur, im Prinzip zu zeigen, daß wir die Lichtbewegungen dazu benutzen können, um die Art der Atombewegungen zu erkennen, und daß die Farbenerscheinungen die auf anderem Wege gewonnenen Ergebnisse der kinetischen Stereochemie bestätigen.

XII. Das asymmetrische C-Atom.

Außer den Rotationen um bestimmte Achsen und den geradlinigen Vibrationen existiert noch eine dritte Art der Bewegung der C-Atome, die Rotation um eine kegelförmig bewegte Achse. Diese tritt dann auf, wenn vier Valenzen eines C-Atoms mit vier ungleichen Substituenten verbunden sind. Es ist die Bewegung des asymmetrischen

C-Atoms. Man kann sich dies am besten an einem einfachen Beispiel
klarmachen. Denken wir uns zwei Valenzen eines C-Atoms mit Br,
zwei mit H verbunden, so wird eine Schwingung um die Achse der
Verbindungslinie der durch Br und Br festgehaltenen Valenzen
stattfinden, wie in Fig. 3. Wird eines der H-Atome nun durch Cl
ersetzt, so ändert sich die Rotationsschwingung derart, daß der Ausschlag nach der durch Cl beschwerten Schwingungsseite kleiner wird.
Aber die Bewegungsachse bleibt dieselbe. Wird nun aber noch
eines der Br-Atome durch Jod ersetzt, so kommt die Achse selbst
in Bewegung und beschreibt, wenn wir die mit dem J verbundene
Valenzspitze als festen Punkt betrachten, einen Kegel um diese Spitze
(Fig. 24). Die resultierende Bewegung des Atoms ist eine komplizierte,

Fig. 24.

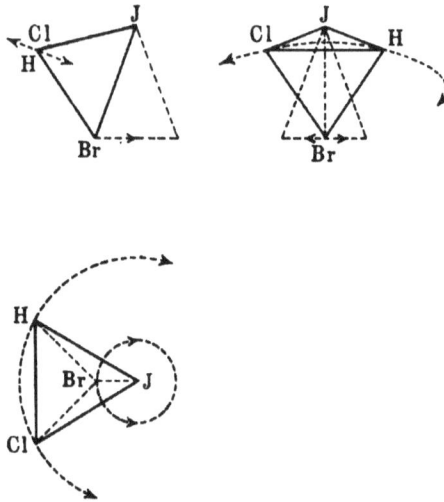

und die von ihm ausgehenden entsprechenden Wellen sind schraubenförmige periodische Schwingungen. Sie sind imstande, mit dem polarisierten Lichtstrahl zu interferieren und einen mehr oder weniger
großen Teil des rechts oder links zirkular-polarisierten Strahles — aus
denen der linear-polarisierte sich zusammensetzt — auszulöschen, so
daß sich die Polarisationsrichtung ändert. Der Körper mit dem
asymmetrischen C-Atom ist daher „optisch aktiv".

Werden zwei der vier Atome H, Cl, Br, J miteinander vertauscht,
so ändert sich die Bewegung derart, daß sie ein Spiegelbild der
vorhergehenden ist. Wenn z. B. Br und J vertauscht werden, so liegt

in bezug auf H und Cl die Spitze des Kegels, den die Achse beschreibt, auf der umgekehrten Seite als zuvor. Die schraubenförmige Wellenbewegung wird dementsprechend im Verhältnis zur Fortpflanzungsrichtung die umgekehrte Drehung zeigen. Die Wirkung auf den polarisierten Lichtstrahl wird dann ebenfalls umgekehrt sein. Drehte der Körper die Polarisationsebene des Lichtstrahles um einen bestimmten Winkel nach rechts, so wird er jetzt um den gleichen Winkel nach links abgelenkt werden.

Diese Auffassung, die den Zusammenhang zwischen Asymmetrie und optischer Aktivität theoretisch im Prinzip klarlegt, findet eine Stütze in der Waldenschen Umkehrung und der Racemisierung.

Besonderes Interesse haben diese Erscheinungen erlangt, seit E. Fischer (Ann. 381) sie zum Ausgangspunkt allgemeiner Anschauungen über Substitution und Valenz gemacht hat (siehe auch Gadamer, Journ. f. prakt. Chem. 1913, S. 312; Hohenberg, ebenda, S. 456).

Wenn ein asymmetrisches C-Atom mit C=O und einem Substituenten wie Cl, OH, NH_2 verbunden ist, und dieser Substituent durch einen anderen ersetzt wird, so beobachtet man häufig, daß optische Veränderungen, Umkehrungen der Drehungsrichtung des polarisierten Lichtes vor sich gehen. So gibt z. B. rechtsdrehende Chlorbernsteinsäure mit Kalihydrat oder Ammoniak l-Äpfelsäure, was man mit Formeln so auszudrücken pflegt:

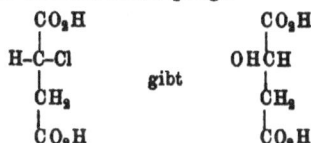

$$\begin{array}{ccc} CO_2H & & CO_2H \\ | & & | \\ H-C-Cl & & OH-C-H \\ | & gibt & | \\ CH_2 & & CH_2 \\ | & & | \\ CO_2H & & CO_2H \end{array}$$

Läßt man statt KaOH nun aber Silberoxyd einwirken, so tritt keine Umkehrung ein, man erhält vielmehr rechtsdrehende Äpfelsäure. In anderen Fällen erhält man Gemische. Die Umkehrung ist zwar nicht auf die Carbonsäure beschränkt und gelingt auch mit Estern und den Carbonsäureglycinen, erforderlich ist aber stets ein vibrierendes CO, das unmittelbar mit dem asymmetrischen C verbunden ist. Hier muß also die Erklärung des Vorganges ihren Ausgangspunkt nehmen. Bei aller Bewunderung für E. Fischer scheint mir doch der Satz Ann. 381, 126 anfechtbar:

„Wie man sieht, sind die Beobachtungen in mancher Beziehung lückenhaft. Sie beschränken sich auf Derivate von Säuren, und es ist gewiß sehr wünschenswert, daß man sie bald auf andere

Substanzen ohne Carboxyl bzw. seine Variationen überträgt.
Trotzdem glaube ich nicht, daß das Bild der Waldenschen Umkehrung dadurch noch wesentlich verändert wird. Sie scheint
mir ein allgemeiner Vorgang zu sein, der mit dem Wesen des
Substitutionsvorganges aufs engste verknüpft ist."

Hier wird aus einer nicht realisierten (und meiner Ansicht nach
auch nicht realisierbaren) Verallgemeinerung ein fundamentaler
Schluß gezogen und eine neue Anschauung über das C-Atom abgeleitet.

Betrachtet man den Vorgang vom Standpunkt der Bewegungstheorie, so ergibt sich folgendes: In der ersten Phase der Reaktion
wird ein Halogenatom, eine OH-Gruppe usw., abgespalten und es entsteht für einen kleinen Zeitintervall eine freie Valenz. Es kann
dann zweierlei eintreten. Entweder der Substituent für die freie Stelle
ist rasch genug zur Verfügung und die Reaktion verläuft normal, wie
bei der Einwirkung von Silberoxyd auf Chlorbernsteinsäure, oder das
Reagens wirkt nicht so rasch, und die Valenz bleibt lange genug frei,
um das Entstehen einer Zwischenvibration zu ermöglichen. Dieser
Vorgang ist in Fig. 25 dargestellt. Sind bei der Phase I der C=O-

Fig. 25.

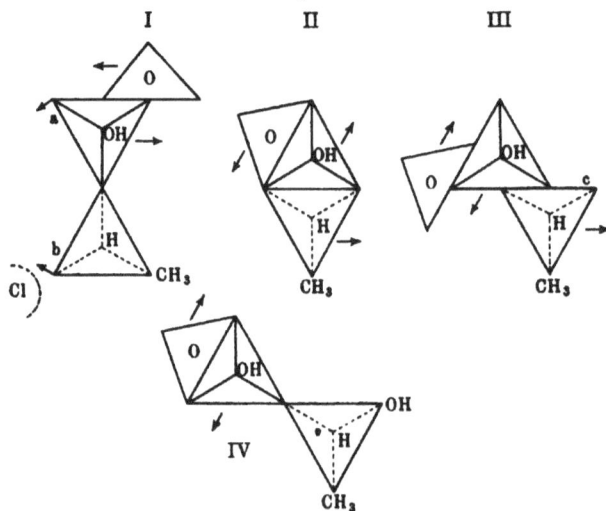

Vibration die Valenzen a und b zugleich frei, so entsteht durch ihre
Anziehung, verbunden mit der Rotation, eine neue Vibration (analog
wie eine Doppelbindung entsteht, wenn an zwei benachbarten C-Atomen
je eine Valenz frei wird).

Die Vibration setzt sich dann einseitig fort, wie aus Phase II und III zu ersehen, und nur die Valenz *c* wird intermittierend frei. Mit ihr verbindet sich daher der neu eintretende Substituent, z. B. OH, und es entsteht IV, eine OH-Verbindung, in der die Symmetrieverhältnisse umgekehrt sind als im chlorierten Ausgangskörper I. Die linksdrehende Substanz wird in eine andere, rechtsdrehende, verwandelt.

Ob und inwieweit die Umkehrung stattfindet, hängt von Fall zu Fall von der Zusammensetzung des ganzen Moleküles ab. Es ist klar, daß vor allen Dingen die Gegenwart anderer Vibrationsstellen im Molekül von Einfluß sein muß, und daß z. B. weitere C=O- oder Phenylgruppen die Entstehung der neuen Vibration befördern müssen. Die leichtere Verwandlungsfähigkeit der Bernsteinsäurederivate beruht auf der Gegenwart zweier Carboxygruppen. Es ist ferner verständlich, daß sich Carbonsäure und ihre Ester verschieden verhalten können. Letztere sind durch die Erschwerung weniger beweglich. So gibt d-Alanin mit Nitrosylbromid 1-Brompropionsäure, d-Alaninester aber d-Brompropionsäureester.

Da das Auftreten der Umkehrung abhängig ist von der Koinzidenz des Freiwerdens zweier Valenzen, so hängt der quantitative Verlauf von äußeren Umständen (Belastungen, Wärme, Lösungsmittel usw.), und die Zeit von der Wahrscheinlichkeit des Zusammenfallens der Schwingungen ab.

Eine Konsequenz der kinetischen Auffassung ist, daß, wenn ein bestimmter Körper, nehmen wir d-Alanin, unter bestimmten Bedingungen, z. B. mit Nitrosylbromid, 1-Brompropionsäure gibt, dann auch das 1-Alanin unter den gleichen Bedingungen d-Brompropionsäure liefern muß. Dies wird durch die von Walden und E. Fischer gefundenen „Kreisprozesse" bestätigt.

Auf dieser Schlußfolgerung beruht die Erscheinung der völligen Racemisierung, des Entstehens gleicher Teile 1- und d-Körper aus einem einheitlichen optisch aktiven Körper. Die Bedingungen, unter denen sie eintritt, müssen derart sein, daß ein Substituent leicht beweglich ist und sich vorübergehend abspaltet. Daß Dissoziationen stattfinden, beweist die Tatsache, daß bei der Racemisierung der Äpfelsäure durch Erhitzen mit Wasser stets etwas Fumarsäure entsteht. Aus einer d-Verbindung bildet sich dann die 1-Verbindung, aber auch diese ist dem Einfluß der gleichen Umkehrungsbedingungen unterworfen. Es muß sich daher ein Gleichgewichtszustand bilden, der die beiden Formen je zur Hälfte enthält. Man sieht förmlich diesen

Vorgang vor Augen, wenn man E. Fischers Beschreibung (Ber. 40, 5007) der Einwirkung von Trimethylamin auf d-Brompropionsäure-äthylester liest, wie nach 6 Stunden die Drehung auf 0° angelangt ist, nach 10 Stunden etwas nach links über das Ziel hinausgeht und dann erst dauernd zu 0° zurückkehrt.

Es versteht sich, daß der Energiegehalt von d- und l-Verbindungen der gleiche sein muß. Wrede fand dementsprechend die gleichen Verbrennungswärmen für l- und d-Alanin oder für l- und d-Asparaginsäure.

_____

Im Hinblick auf die Bedeutung, welche gerade der Waldenschen Umkehrung für die theoretische organische Chemie beigemessen wird, möchte ich betonen, daß die kinetische Erklärung durch Zwischen-vibrationen nicht etwa eine ad hoc erdachte Hilfskonstruktion ist, daß vielmehr die Existenz solcher Zwischenbewegungen sich in allen analogen Fällen aus der Volumenvermehrung, den Energiever-hältnissen und den chemischen Reaktionen (Additionen) übereinstim-mend ergab. Hat man sich einmal an die Vorstellung der mit großer Geschwindigkeit rotierenden und vibrierenden Atome gewöhnt, so wird nicht nur der enge Zusammenhang zwischen optischer Aktivität und Farbe, sondern auch das Spiel der Veränderungen und Umkehrungen klar. Wenn es manchen Forschern unmöglich schien, diese Erschei-nungen und namentlich die Waldensche Umkehrung mit den stereo-chemischen Ideen van 't Hoffs zu vereinigen, so lag dies nicht daran, daß diese Theorie unrichtig ist, sondern daran, daß sie, wie alle wissen-schaftlichen Erkenntnisse, einer Weiterausbildung bedarf. Einen Schritt zu einer solchen Weiterführung bildet die vorliegende Schrift.

_____

Auch auf dem Gebiet der anorganischen Chemie sind aus den Erscheinungen der Racemisierung, der Waldenschen Umlagerung und den Isomerien und Umlagerungen von Körpern mit C=C-Bindungen weittragende Schlüsse gezogen worden (Werner, Neuere Anschauungen auf dem Gebiet der anorg. Chemie, 1913, S. 75). Die kinetischen Anschauungen lassen diese Beziehungen in anderem Licht erscheinen und geben auch für die Probleme der anorganischen Chemie eine neue Unterlage. Die Hauptvalenzen und primären Nebenvalenzen (die maximalen Koordinationszahlen Werners) erlangen greifbare Gestalt und werden zu Kraftäußerungen verschieden geformter Spitzen der Atomflächen.

Die Oktaederform, die für viele Elemente wahrscheinlich, für Kobalt, Chrom und Platin bewiesen ist, bildet nicht mehr eine Hilfskonstruktion, hinter der sich die Vorstellung einer Kugel verbirgt, sondern ist als erste Annäherung einer realen Fläche aufzufassen. Bei großen Atomen üben Flächen und Kanten auch nach Sättigung der Valenzspitzen noch Anziehungskräfte aus, die zu Anlagerungen führen. Die Umsetzungen und Umlagerungen beruhen auch bei unorganischen Körpern auf Atombewegungen. Solche Bewegungen nimmt zwar A. Werner an, benutzt sie aber nur zur Begründung der Kugeltheorie. Er sagt (l. c., S. 83):

„Wir denken uns die Atome als Raumteile einheitlicher Materie. Hypothesen über die Gestalt der Atome sind nicht nötig, weil die Atome auch in den Molekülen als in steter Bewegung angenommen werden müssen und ihre spezielle Gestalt deshalb gegenüber den Raumgrenzen in denen diese Bewegungen sich vollziehen, nur von untergeordneter Bedeutung sein wird. Diesen Raumgrenzen können wir aber der Einfachheit halber Kugelgestalt zuweisen, weil sich das mechanische Bild vom Bau der Moleküle für unser Vorstellungsvermögen dadurch einfacher gestaltet."

Die Beobachtungen der Atomvolumina, der Refraktionen, der Farben und der optischen Aktivität scheinen mir mit einer solchen Annahme nicht vereinbar. Die Art der Bewegung der Atome ist ferner von größter Bedeutung für die Erklärung der Reaktionsfähigkeit sowie der ionogenen Natur einzelner Atome und Gruppen im Molekül, und nur mit wechselnden Bewegungen können die Umlagerungen erklärt werden. Auch in anorganischen Körpern wird die Farbe als Äußerung intramolekularer Vibrationsbewegungen wertvolle Aufschlüsse geben können. Daß z. B. die stereoisomeren Chromiverbindungen genau die gleichen Farbenunterschiede zeigen wie die entsprechenden Kobaltiverbindungen, wird dann nicht als Merkwürdigkeit (Werner, l. c., S. 355), sondern als selbstverständliche Folge gleichartiger Bewegungen erscheinen.

Während einst die organische Chemie ihre Theorien der anorganischen entlehnte, weist heute die organische Stereochemie der anorganischen Forschung die Richtung. Die Chemie der Kohlenstoffverbindungen scheint mir auch berufen, die Führung zu übernehmen auf dem Wege zu einer allgemeinen kinetischen Stereochemie.

www.ingramcontent.com/pod-product-compliance
Lightning Source LLC
Chambersburg PA
CBHW020839210326
41598CB00019B/1955